高等院校计算机课程设计指导丛书

数据结构课程设计

C++语言描述

刘燕君 苏仕华 刘振安 编著
中国科学技术大学

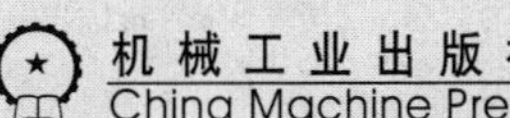

图书在版编目（CIP）数据

数据结构课程设计：C++ 语言描述 / 刘燕君，苏仕华，刘振安编著．—北京：机械工业出版社，2014.1
（高等院校计算机课程设计指导丛书）

ISBN 978-7-111-44726-9

Ⅰ．数…　Ⅱ．① 刘…　② 苏…　③ 刘…　Ⅲ．① 数据结构－课程设计－高等学校－教学参考资料
② C 语言－程序设计－课程设计－高等学校－教学参考资料　Ⅳ．① TP311.12　② TP312

中国版本图书馆 CIP 数据核字（2013）第 269014 号

本书按照“数据结构”课程的大纲设计相应章节，而且给出知识的重点和难点、典型例题及实验解答。全书共分 11 章，给出了与数据结构内容相关的知识解析、算法分析以及课程设计，描述了相关数据结构的存储表示及其实际应用的操作算法，对用 C++ 模板方法描述的各种算法进行了详细的注释和性能分析，并对各应用的解题思路、方法进行了较详细的分析。

本书取材新颖、结构合理、概念清楚、语言简洁、通俗易懂、实用性强，重在培养学生对各种基本算法的应用技能，特别适合作为高等院校各类相关专业本科生、专科生学习数据结构的辅助教材和实践用书，也可以作为广大从事计算机软件与应用的工程技术人员及社会大众学习数据结构的参考用书。

机械工业出版社（北京市西城区百万庄大街 22 号　　邮政编码　100037）
责任编辑：迟振春
北京诚信伟业印刷有限公司印刷
2014 年 1 月第 1 版第 1 次印刷
185mm × 260mm · 14 印张
标准书号：ISBN 978-7-111-44726-9
定　　价：29.00 元

凡购本书，如有缺页、倒页、脱页，由本社发行部调换
客服热线：（010）88378991　88361066　　　　投稿热线：（010）88379604
购书热线：（010）68326294　88379649　68995259　　读者信箱：hzjsj@hzbook.com

前　言

本书按照“数据结构”课程的教学大纲设计相应章节，而且给出知识的重点和难点、典型例题及实验解答。课程设计要比教学实验更复杂一些，涉及的深度也更广一些，而且更加实用，这样就可以通过课程设计的综合训练，培养学生分析问题、解决问题和编程等方面的实际动手能力，帮助学生系统掌握数据结构这门课程的主要内容，更好地完成教学任务。

本课程设计具有如下特点：

1）独立于具体的数据结构教科书，重点放在数据的存储以及在此存储结构上所实现的各种重要和典型的算法上，以较多的应用实例来涵盖数据结构这门课程要求掌握的各类重要基础知识。

2）结合实际应用的要求，使课程设计既覆盖教学所要求的知识点，又接近工程的实际需要。通过实践激发学生的学习兴趣，调动学生学习的主动性和积极性，并引导他们根据实际问题的需求，训练自己实际分析问题、解决问题以及编程的能力。

3）通过详细的实例分析、循序渐进的描述，启发学生顺利地完成设计。课程设计将设计要求、需求分析、算法设计、编程和实例测试运行分开，为学生创造分析问题、独立思考的条件。学生在充分理解要求和算法的前提下，完全可以不按书中提供的参考程序，而设计出更有特色的应用程序。

4）有些课程设计提出了一些需要改进或需要完善的要求，供有兴趣的学生来扩展自己的设计思路，更进一步提高自己的能力和水平。

5）课程设计的内容基本上按课程教学的顺序设计，而且在各章中都增加了重点、难点解析和适当的例题，可让学生循序渐进地学习，尽量避免涉及后续章节的有关知识；而后续的课程设计尽量引用前面的课程设计内容，以便加深学生对知识的理解。

6）课程设计中提供了几个比较大的综合课程设计，以便进一步锻炼学生的动手能力。

本书的编写采取分工负责、集体讨论的方式，具体如下。刘燕君执笔第 3 ~ 5、7、9、11 章，苏仕华执笔第 6、8、10 章，刘振安执笔第 1、2 章并负责统稿。本书编写期间，刘燕君老师去亚洲大学做博士后研究工作，得到导师逢甲大学张真诚教授及亚洲大学资讯学院黄明祥院长的支持，才得以完成所承担的写作任务，在此表示衷心感谢。

由于我们才疏学浅，本书中的不妥之处在所难免，敬请读者不吝赐教，给予指正。

联系方式：zaliu@ustc.edu.cn

目　录

第1章 数据结构概论

数据结构是计算机软件和计算机应用专业的核心课程。本章重点是掌握数据结构的基本概念、常用术语、算法描述和分析的基础知识，并熟悉本书使用的编程语言及编程环境，以便为数据结构课程的学习打下基础。

1.1 本章重点

本章重点是掌握数据结构研究的内容及基本术语，特别要注意如下几个方面的问题：

1）理解数据、数据元素、数据对象、结构和结点的定义，了解没有对数据结构进行定义的原因并掌握数据结构研究的内容。

2）理解描述数据结构所使用的直接前驱、直接后继、开始结点和终端结点的含义，以及数据的逻辑结构的分类（线性结构和非线性结构）。

3）理解数据的存储结构使用的顺序存储方法、链接存储方法、索引存储方法和散列存储方法等4种基本存储方法的含义。

4）理解数据类型（data type）是和数据结构密切相关的一个概念，以及引入抽象数据类型的实际意义。

5）掌握时间复杂度的计算方法，理解频度的含义及其计算方法。

1.2 本章难点

本章的难点是正确理解算法的有穷性和可行性的含义、算法与程序的区别以及各种用于描述算法的方法及其利弊，掌握空间复杂度的计算方法。

1.3 求解鸡兔同笼问题实验解答

1.3.1 实验要求

本实验的目的是熟悉编程环境，具体要求如下：

1）熟悉 Microsoft Visual C++ 6.0 编程环境和文件建立方法。

2）在 Microsoft Visual C++ 6.0 环境中，用 C++ 的类来编写并运行鸡兔同笼程序。

3）建立工程 shiyan1，类定义在 shiyan1.h 中，主程序定义在 shiyan1.cpp 中。

1.3.2 参考答案

为了节省篇幅和学习方便，一般的教科书均将类说明和实现及主程序放在一个文件中，甚至大量采用在声明时使用内联函数实现成员函数的方式，这其实是一种不好的习惯。

一般要求是将类的声明放在头文件中，非常简单的成员函数在声明中定义（默认内联函数形式），实现放在 .cpp 文件中，并在 .cpp 文件中将头文件包含进去。如果程序中还有其他函数，应将其原型在相应的头文件中声明，而将主程序单独编写在一个文件中（这个文件也可以包括与主程序密切相关的函数，但这些函数应该比较简单），这就是多文件编程规范。

在本书的配套教材⊖中，使用类模板的方式描述算法，并在头文件中定义算法，所以读者必须尽快熟悉这种方法。

这个实验的目的就是以最简单的程序设计为例，简要说明一个源文件和一个头文件的构成模式，为以后的学习打下基础。

1. 建立工程文件

建立工程 shiyan1 和源程序文件 shiyan1.cpp 均很简单，不再赘述。这里仅简要说明头文件的建立方法。

1）头文件的建立方法与 .cpp 文件类似。选中图 1-1 中所示的 FileView，进入空项目。单击它，展开树形结构。选中 shiyan1 files 结点，展开向导建立的内容。这时 Header Files 里是空的，没有 C++ 程序的头文件名称。

2）选中图 1-1 中所示的 Header Files 标记，再从 File 菜单中选 New 命令，弹出 New 对话框，如图 1-2 所示。

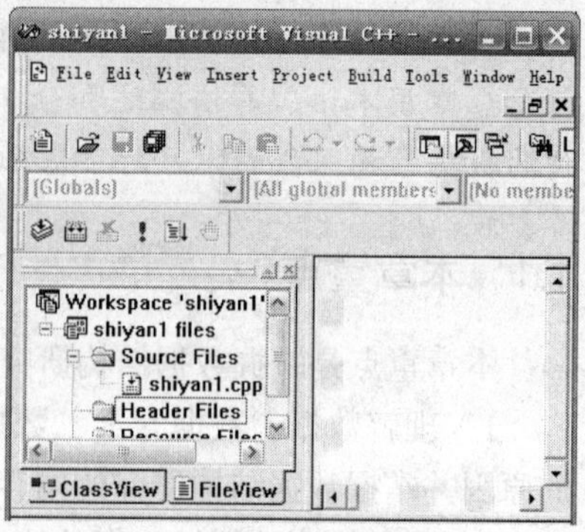

图 1-1 FileView 示意图

3）选择图 1-2 中所示的 Files 列表框中的 C/C++ Header File 项，在右边的 File 框中输入 shiyan1（因为默认后缀为 .h，所以不必输入 shiyan1.h）。

4）单击 OK 按钮，得到图 1-3 所示的头文件，在右边的编辑框中编辑头文件 shiyan1.h 即可。

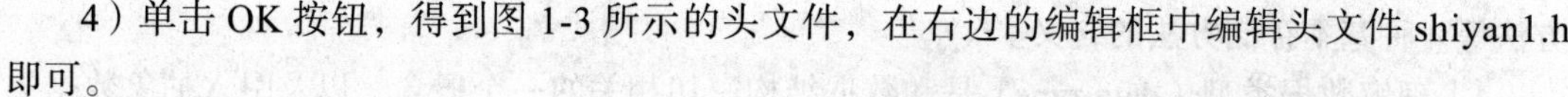

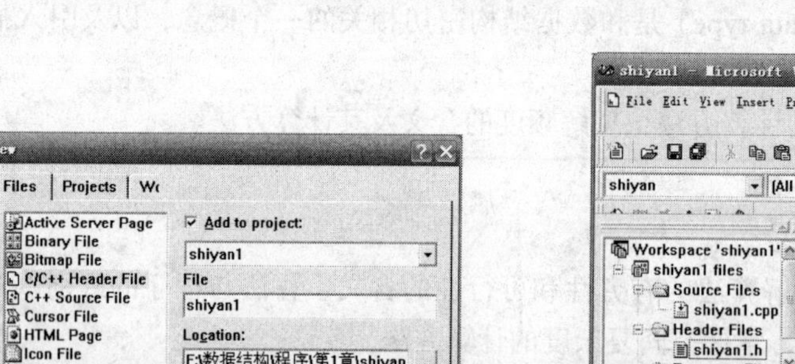

图 1-2 使用 Files 选项卡添加头文件示意图

图 1-3 添加和编辑头文件示意图

2. 头文件

```
//shiyan1.h
#include <iostream>
using namespace std;

class shiyan
{
    public:
      void Find();
};
void shiyan::Find()
{
    int sum=0;
```

⊖ 配套教材是指《数据结构：C++ 语言描述》（ISBN 978-7-111-44926-3）一书，该书已由机械工业出版社同步出版。需要说明的是，本课程设计完全可独立使用。——编辑注

```
    for( int i=1;i<24; i++)
    {
            sum++;
            for( int j=35-i;j<13;j++)
            {
                sum++;
                if((i+j==35)&&(2*i+4*j==94))
                        cout<<" 鸡有 "<<i<<" 只，兔有 "<<j<<" 只 "<<endl;
            }
    }
  cout<<" 一共循环 "<<sum<<" 次。"<<endl;
}
```

3. 主程序文件和运行结果

```
//鸡兔同笼
//shiyan1.cpp
#include "shiyan1.h"

void main()
{
    shiyan obj;
    obj.Find();
}
```

程序运行结果如下：

```
鸡有 23 只，兔有 12 只
一共循环 24 次。
```

1.4 百钱买百鸡问题课程设计

问题：假设每只母鸡值 3 元，每只公鸡值 2 元，两只小鸡值 1 元。现用 100 元钱买 100 只鸡，能同时买到母鸡、公鸡、小鸡各多少只？

1.4.1 设计要求

1）通过使用 C++ 编程求解，熟悉 Microsoft Visual C++ 6.0 编程环境。

2）通过编程熟悉头文件和命名空间的使用方法。

3）不使用类，通过两种算法求解以说明算法之间的运行效率相差甚大。

4）使用类的方式编写最少循环次数的程序。

1.4.2 解答

1. 解题思路

设母鸡、公鸡、小鸡分别为 i、j、k 只，则可以列出如下两个方程：

$$\begin{cases} i+j+k=100 \\ 3i+2j+0.5k=100 \end{cases}$$

这里有 3 个未知数，所以是一个不定方程。要求同时买到母鸡、公鸡、小鸡，就是给出一个限制条件：任何一个都不能为 0。

这需要使用三重循环，通过枚举找出所有符合条件的解答。

2. 第 1 种解题方法

由于 1 元钱能买两只小鸡，所以买的小鸡只数需要从 2 开始，每次增加 2。因为已经考

虑让 i 和 j 从 1 开始枚举，所以不需要判别“$i*j*k!=0$”的附加条件。

```
//参考程序
#include <iostream>
using namespace std;
void main( )
{
      int m=0,n=0,sum=0;
      int i,j,k;
      for(i=1;i<100;i++)
      {
         ++sum;
        for(j=1; j<100;j++)
        {
            ++sum;
          for(k=2;k<100;k=k+2)
          {
                  ++sum;
                  m=i+j+k;
                  n=3*i+2*j+k/2;
                  if((m==100)&&(n==100))
                      cout<<"母鸡: "<<i<<"公鸡: "<<j<<"小鸡: "<<k<<endl;
          }
        }
      }
     cout<<"一共循环"<<sum<<"次。"<<endl;
}
```

程序运行结果如下：

```
母鸡: 2 公鸡: 30 小鸡: 68
母鸡: 5 公鸡: 25 小鸡: 70
母鸡: 8 公鸡: 20 小鸡: 72
母鸡: 11 公鸡: 15 小鸡: 74
母鸡: 14 公鸡: 10 小鸡: 76
母鸡: 17 公鸡: 5 小鸡: 78
一共循环 490149 次。
```

其实，第 3 层就循环了 480249 次。

3. 第 2 种解题方法

考虑到母鸡为 3 元一只，假设 100 元都买母鸡，最多只能买 33 只。因为要求每个品种都要有，而小鸡只能为偶数，因此母鸡最多能买 30 只，即第一循环变量 i 可从 1 到 30。

因为公鸡为 2 元一只，最多只能买 50 只。又因为至少需要买 1 只母鸡和 2 只小鸡，所以公鸡不会超出 50–3=47 只。因为在循环时已经确定枚举的母鸡数 i，一只母鸡相当于 1.5 只公鸡，所以第二层循环时，公鸡 j 只要从 1 到 $47-1.5i$ 即可。

因为 $i+j+k=100$，所以直接求得 $k=100-i-j$，不再需要第 3 层循环。也就是说，

```
   k=100-i-j;
   if(3*i+2*j+0.5*k==100)
        cout<<"母鸡: "<<i<<" 公鸡: "<<j<<" 小鸡: "<<k<<endl;
//改进的算法
#include <iostream>
using namespace std;
void main( )
{
      int k=0,sum=0;
      int i,j;
      for(i=1;i<=30;i++)
```

```
    {
            ++sum;
            for( j=1; j<=47-1.5*i;j++)
            {
                ++sum;
                k=100-i-j;
                if(3*i+2*j+0.5*k==100)
                    cout<<"母鸡: "<<i<<"公鸡: "<<j<<"小鸡: "<<k<<endl;
            }
    }
    cout<<"一共循环"<<sum<<"次。"<<endl;
}
```

程序运行结果如下：

```
母鸡: 2 公鸡: 30 小鸡: 68
母鸡: 5 公鸡: 25 小鸡: 70
母鸡: 8 公鸡: 20 小鸡: 72
母鸡: 11 公鸡: 15 小鸡: 74
母鸡: 14 公鸡: 10 小鸡: 76
母鸡: 17 公鸡: 5 小鸡: 78
一共循环735次。
```

其中第二层循环705次。

4. 使用类的方式编写程序

设计一个鸡类，用这个类产生一个对象，对象调用成员函数求解。完整的程序如下：

```
class chicken{
        int i,j,k;
    public:
        chicken(int i=0, int j=0, int k=0){};
        void Find();                    //用来求解的成员函数
};

void chicken::Find()
{
    int sum=0;
    for(i=1;i<=30;i++)
    {
            ++sum;
            for( j=1; j<=47-1.5*i;j++)
            {
                ++sum;
                k=100-i-j;
                if(3*i+2*j+0.5*k==100)
                        cout<<"母鸡: "<<i<<"公鸡: "<<j<<"小鸡: "<<k<<endl;
            }
    }
    cout<<"一共循环"<<sum<<"次。"<<endl;
}
void main()
{
    chicken ck;
    ck.Find();
}
```

1.5 评分标准

本课程设计作为选做项目，主要是为了熟悉环境，只要调试通过即可获得80分。如果改写类并调试通过，可以根据情况给予80 ~ 85分的成绩。

第 2 章 类和类模板基础

本章重点是熟悉模板以及动态分配内存的使用方法，并掌握多文件编程和基本调试方法，为后面的课程设计打下基础。

2.1 重点和难点

本章重点是设计类模板以及申请并使用动态分配内存的方法，难点是友元函数。此外，将增加部分函数模板和类模板的知识。

2.1.1 模板函数专门化和模板重载

定义函数模板时，还可以使用关键字 typename 代替 class，下面给出一个例子。

【例 2.1】使用显式规则和关键字 typename 编制函数模板。

```
#include <iostream>
using namespace std;
template <typename T>            //使用 typename 替代 class
T max(T m1, T m2)                //求最大值
{ return(m1>m2)?m1:m2;}
template <typename T>            //必须重写
T min(T m1, T m2)                //求最小值
{ return(m1<m2)?m1:m2;}
void main( )
{
    cout<<max("ABC","ABD")<<","<<min("ABC","ABD")<<","
        <<min('W','T')<<","<<min(2.0,5.)<<endl;
    cout<<min<double>(8.5,6)<<"," <<min(8.5,(double)6)<<","<<max((int)8.5,6)<<endl;
    cout<<min<int>(2.3,5.8)<<","<<max<int>('a','y')<<","<<max<char>(95,121)<<endl;
}
```

程序输出结果如下：

```
ABD,ABC,T,2
6,6,8
2,121,y
```

对于那些不标准的书写方式，就不能从函数的参数推断出模板参数。在例 2.1 中，如果使用语句 min(8.5,6)，就需要用 min(double,int) 的形式，与现在定义的模板参数不符，无法通过编译。定义的模板参数中的两个参数的类型必须一致，面对一个整数和一个实数，编译系统无法建立正确的模板函数，即无法实例化。这时也可以对参数表中的参数进行强制转换，语句 min(8.5,(double)6) 就是通过“(double)6”使它们的参数一致。更一般的是使用显式方式 min<double>(8.5,6) 解决这一问题，以保证能正确推断出模板参数。而显式调用方式 max<char>(95,121) 则是输出字符。由此可见，显式规则可以用于特殊场合。

1. 模板函数专门化

虽然按照默认约定，定义一个模板，用户可以使用能想到的任何模板参数（或者模板参

数组合)，但有些用户却宁肯选择另外的实现方法。例如，例 2.1 定义的模板函数 max 虽然可以处理字符串，但用户希望换一种处理方法。用户的方案是：如果模板参数不是指针，就使用这个模板；如果是指针，就使用如下的处理方法。

```
char *max(char *a, char *b){    return (strcmp(a,b)>=0?a:b);}
```

由于普通函数优先于模板函数，在执行如下语句

```
char *c1="ABC", *c2="ABD";
cout<<max("ABC","ABD")<<","<<max(c1,c2)<<endl;
```

时，第一个模板函数使用字符串参数，它用普通参数调用函数模板；第二个模板函数使用字符指针参数，则使用指针参数调用函数模板。这两个函数模板使用不同的定义，这样就可以形成完整的模板系，便于管理，并保证在无调用时不会生成任何无用代码。这可以通过提供多个不同定义方式的模板函数来处理，并由编译器根据使用时所提供的模板参数，在这些定义中做出选择。这些对模板可以互相替换的定义称为用户定义的专门化，或简称为用户专门化（有的教材称为定制）。对于模板函数而言，则称为模板函数专门化。

前缀“template <>”说明这是一个专门化，在描述时不用模板参数。可以写成

```
template <>char *max<char*>(char *a, char *b){return (strcmp(a,b)>=0?a:b);}
```

在函数名之后的“ char*”说明这个专门化应该在模板参数是 char* 的情况下使用。由于模板参数可以从函数的实际参数列表中推断，所以不需要显式地描述它，即可以简化为

```
template <>char *max<>(char *a, char *b){return (strcmp(a,b)>=0?a:b);}
```

这里给出了 template <> 前缀，第二个 <> 也属多余之举，可以简单地写成如下形式：

```
template <>char *max(char *a, char *b){return (strcmp(a,b)>=0?a:b);}
```

具体的使用方法见例 2.2。

2. 模板重载

C++ 模板的机制也是重载。模板提供了看起来很像多态性的语法，当提供细节时，模板就可以生成模板函数。因为选择调用哪一个函数是在编译时实现的，所以是静态联编。下面通过重载进一步扩大已定义函数模板 max 的适用范围。

【例 2.2】专门化和重载。

```
#include <iostream>
using namespace std;
template <typename T>          //声明第 1 个函数模板
T max(T m1, T m2)              //求两个数的最大值
{ return(m1>m2)?m1:m2;}
template <typename T>          //声明函数模板时，需要重写 template
T max(T a, T b, T c)           //用 3 个参数重载第 1 个函数模板
{ return max(max(a,b),c);}
template <class T>             //声明函数模板时，需要重写 template
T max(T a[ ], int n)           //变换参数类型重载函数模板，求数组中的最大值
{
    T maxnum=a[0];
    for(int i=0; i<n;i++)
        if (maxnum<a[i])maxnum=a[i];
    return maxnum;
}
template <>                    //函数模板专门化
char *max(char *a, char *b)//使用指针
```

```
{return (strcmp(a,b)>=0?a:b);}
int  max(int m1, double m2)                                    //普通函数
{ int m3=(int)m2; return(m1>m3)?m1:m3;}
void main( )
{
        char *c1="ABC",*c2="ABD";                              //1 定义字符指针
        cout<<max("ABC","ABD")<<" ";                           //2
        cout<<max("ABC","ABD","ABE")<<" ";                     //3
        cout<<max(c1,c2)<<" ";                                 //4
        cout<<max(2.0,5.,8.9)<<" ";                            //5
        cout<<max(2,6.7)<< endl;                               //6
        double d[]={8.2,2.2,3.2,5.2,7.2,-9.2,15.6,4.5,1.1,2.5}; //定义实数数组 d
        int a[]={-5,-4,-3,-2,-1,-11,-9,-8,-7,-6};              //定义整数数组 a
        char c[]="acdbfgweab";                                 //定义字符串数组 c
        cout<<"intMax="<<max(a,10)<<" doubleMax="<<max(d,10)
            <<" charMax="<<max(c,10)<<endl;
}
```

程序输出如下：

```
ABD ABE ABD 8.9 6
intMax=-1 doubleMax=15.6 charMax=w
```

注意语句 2 和语句 4 的区别：它们执行重载的过程一样，但在重载函数调用时，语句 2 使用定义的模板，语句 4 则使用专门化（指针参数）的函数模板。语句 5 也是调用定义的模板，而语句 6 则使用普通的函数，即它不调用模板。

2.1.2 类模板

类模板的专门化与函数模板同理，将留待第 3 章结合栈举例。

使用类模板可以简化设计，下面给出两个类模板的例子，从中可以看出使用类模板的好处。

【例 2.3】求 4 个数中最大值的类模板程序。

```
#include <iostream>
using namespace std;
template<class T>
class Max4{
    T a,b,c,d;
    T Max(T a, T b){return (a>b)?a:b;}
  public:
    Max4(T, T, T , T );
    T Max(void);
};

template<class T>                              //定义成员函数必须再次声明模板
Max4<T>::Max4(T x1, T x2, T x3, T x4):a(x1),b(x2),c(x3),d(x4){}

template<class T>                              //定义成员函数必须再次声明模板
T Max4<T>::Max(void)                           //定义时要将 Max4<T> 看做整体
{ return Max(Max(a,b),Max(c,d));}

void main()
{
    Max4<char>C('W','w','a','A');              //比较字符
    Max4<int>A(-25,-67,-66,-256);              //比较整数
    Max4<double>B(1.25,4.3,-8.6,3.5);          //比较双精度实数
    cout<<C.Max()<<" "<<A.Max()<<" "<<B.Max()<<endl;
}
```

输出结果如下。

```
w -25 4.3
```

【例 2.4】演示对 4 个数字求和的类模板程序。

```
#include <iostream>
using namespace std;
template <class T, int size=4>                     //可以传递程序中的整数参数值
class Sum
{
    T  m[size];                                    //数据成员
  public:
    Sum(T a, T b, T c, T d )                       //构造函数
    {m[0]=a; m[1]=b; m[2]=c; m[3]=d;}
    T S()                                          //求和成员函数
    { return  m[0]+m[1]+m[2]+m[3]; }
};

void main()
{
   Sum<int, 4>num1(-23,5,8,-2);                    //整数求和
   Sum<float, 4>f1(3.5f, -8.5f,8.8f,9.7f);         //单精度求和。使用 f 显式说明 float 型
   Sum<double,4>d1(355.4, 253.8,456.7,-67.8);
   Sum<char,4>c1('W',-2,-1,-1);                    //字符减，等效于 'W'-4，结果为 S
   cout<<num1.S()<<" ,"<<f1.S()<<" ,"<<d1.S()<<", "<<c1.S()<<endl;
}
```

输出结果如下。

```
-12 ,13.5 ,998.1, S
```

2.1.3 在类中使用动态分配内存

特别要注意申请的动态内存是一块连续内存区域，但不是数组。虽然不是数组，但因为这是一块连续区域，所以可以使用指针下标进行操作，而且下标也是从 0 开始计数，从而具有数组的性质。

一个变量具有 3 个要素：数据类型、名字和内存地址。内存地址只由系统分配，不同机器为变量分配的地址虽然可以不一样，但都必须给它分配一个内存地址。其实，变量的存储空间的分配是在程序开始之前完成的，程序执行中对这些变量的访问，就是通过直接访问与之对应的固定地址来实现的。

如果在写程序时无法确定程序运行中的存储要求，则不能通过定义变量的方式来很好地解决这一问题。所以需要一种机制，可以根据运行时的实际存储需求分配适当大小的存储区，以便存放在运行中才能确定的数据，这种机制就是动态存储管理系统。这里之所以说是“动态”的，是因为其分配工作完全是在运行中动态确定的，这与程序变量的性质完全不同。

程序可以通过变量的名字使用普通变量，而动态分配的内存块无法命名（编程时可以命名，程序运行中无法命名），但可以让指针指向动态分配的内存块（把内存块的地址存入指针），通过对指针的间接操作，使用这些内存块。引用动态分配的内存块，是指针的最主要用途之一。

如果不再需要以前申请的内存块，可以调用释放操作将它交还管理系统。动态分配和释放的工作都由动态存储管理系统完成，动态存储管理系统的这片存储区通常称为堆（heap）。

要特别注意内存块的使用方法，详见 2.3 节。

2.2 多文件编程实验解答

2.2.1 实验题目

传说有 30 个旅客同乘一条船，因为严重超载，加上风浪大作，危险万分。因此船长告诉乘客，只有将全船一半的旅客投入海中，其余人才能幸免于难。无奈，大家只得同意这种办法，并议定 30 个人围成一圈，由第一个人数起，依次报数，数到第 9 人，便把他投入大海中，然后再从他的下一个人数起，数到第 9 人，再将这个人扔进大海中，如此循环地进行，直到剩下 15 个乘客为止。问哪些位置是将被扔下大海的位置?

由这个传说产生了约瑟夫环的游戏。这里对约瑟夫环做了一点修改：假设有人数为 n 的一个小组，他们按顺时针方向围坐一圈。一开始任选一个正整数作为报数上限值 m，从第一个人开始按顺时针方向自 1 开始顺序报数，报到 m 时停止报数。报数 m 的人出列，然后从他顺时针方向的下一个人开始重新从 1 报数，报到 m 时停止报数并出列。如此下去，直至所有人全部出列为止。要求按他们出列的顺序输出他们原来的代号和名字。

2.2.2 实验要求

实验要求如下：

1）建立工程 Joseph 和文件 SeqList.h、SeqList.cpp、find.cpp、game.cpp。

2）定义一个 SeqList 类，使用 Joseph 函数求解，Display 函数输出结果。

3）要求使用动态内存来接收输入，并且参加游戏的人数和间隔均可变。

4）在 SeqList.h 文件中声明 SeqList 类，以及 Joseph 和 Display 的函数原型。

5）在 SeqList.cpp 文件中使用内联函数定义 SeqList 类。

6）在 find.cpp 中定义 Joseph 和 Display 函数。

7）在 game.cpp 中定义主程序。

2.2.3 实验解答

1. 设计思想

在这个程序中，需要根据运行时的实际要求，分配适当大小的存储区。当确定参加游戏的人数之后，即可为程序分配一块内存块，用来存入游戏者的名字和序号。但在计算中，需要将点到的人出圈，这是通过将对象的序号均变为 0 来实现的。因此，还需要将结果保存起来，这也是要在程序运行之后动态申请的。

设计时，在主程序中询问参加游戏的人数（length）并申请对应的动态内存。为了简单，也为答案申请相应的动态内存。将游戏人数和指向动态内存的指针作为求解函数（Joseph）的参数，并在 Joseph 函数中询问间隔（m）。Display 函数用来显示答案，由此可设计如下主函数：

```
#include "SeqList.h"
int main( )
{
    int length=0;
    cout<<"请输入准备参加游戏的人数：";
    cin>>length;
    SeqList *p=new SeqList[length];        //存储名字
    SeqList *p1=new SeqList[length];       //存储答案

    Joseph(p,p1,length);                   //求解
```

```
    Display(p1,length);                  //输出答案
    return 0;
}
```

按要求，主程序的实现文件为 game.cpp。

2. 计算函数

计算函数 Joseph 需要两个指针参数，函数原型如下：

```
void Joseph(SeqList *p,SeqList *p1,int length);
```

动态分配的内存块也相当于类的数组，与使用类的数组求解类似，其实就是利用顺序存储结构求解。它的算法思想如下：

```
  BEGIN
      接收间隔
          将参加游戏人的名字和序号存入第 1 块内存块

      k 从 1 开始循环 length 次
          j 计数器清零

          j 循环 (j< 间隔次数 m)
              计数 i
              如果 i 数到尾部，则返回到第一个位置，即重置 i 等于 0
              如果该位置人员仍然在圈中，则 j 计数加 1
           endj// 结束循环 j

           如果是最后一个，结束循环，作特殊处理
           将结果顺次存入第 2 个内存块
           标识该人员已出圈，开始新一轮循环
      endk
      最后一个结束循环，将这个结果存入第 2 个内存块
  END
```

3. 类的设计

SeqList 类有两个成员函数，名字使用字符串，则 GetName 函数要设计成返回指针的函数。程序中需要取出和设置属性的值，图 2-1 是用 UML 表示的类图。

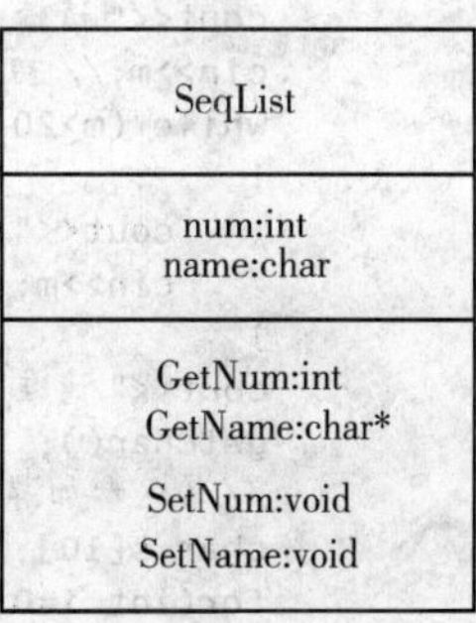

图 2-1 用 UML 表示的类图示意图

类 SeqList 的声明如下：

```
class  SeqList{
        int num;
        char name[10];
    public:
        int GetNum();
        char *GetName();
        void SetNum(int a);
        void SetName(char b[]);
};
```

按要求，类的实现单独使用文件 SeqList.cpp。

4. 工程文件结构

按要求设计如图 2-2 所示的工程并建立有关文件。

5. SeqList.h 文件

```
//SeqList.h
#include <iostream>
using namespace std;
```

```
// 声明SeqList类
class  SeqList{
      int num;
      char name[10];
    public:
      int GetNum();
      char *GetName();
      void SetNum(int );
      void SetName(char b[]);
};
//声明函数原型
void Joseph(SeqList *,SeqList *,int);
void Display(SeqList *,int);
```

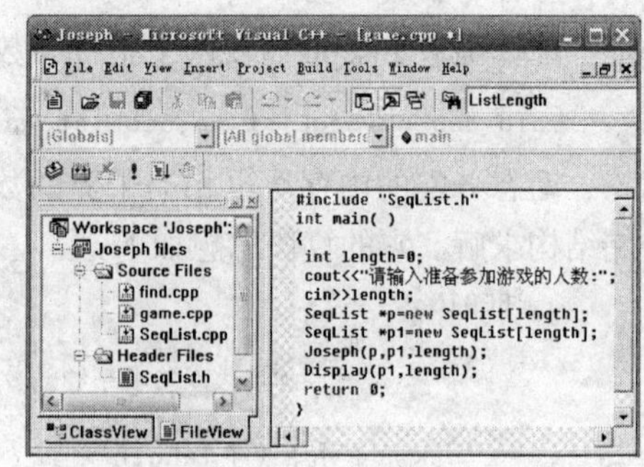

图 2-2 工程及文件示意图

6. SeqList.cpp 文件

```
#include "SeqList.h"
/**************************
 * 使用内联函数定义          *
 * SeqList类的成员函数      *
 *************************/
int SeqList::GetNum(){return num;}
char *SeqList::GetName(){return name;}
void SeqList::SetNum(int a){num=a;}
void SeqList::SetName(char b[])
{strcpy(name,b);}
```

7. find.cpp 文件

```
#include "SeqList.h"
//求解出圈的函数Joseph
void Joseph(SeqList *p,SeqList *p1,int length)
{
     int m;
     cout<<"请输入间隔数m(m<=20):";
     cin>>m;//初始报数值
     while (m>20)
     {
         cout<<"太大，请重新指定间隔数m(m<=20):";
         cin>>m;
     }
     cout<<"请准备输入游戏者名字"<<endl;
     getchar();
     //输入参加游戏人的名字
     char s[10];
     for(int i=0;i<length;i++)
     {
            cout<<"第"<<i+1<<"个人的名字:";
         gets(s);
            (p+i)->SetName(s);
            (p+i)->SetNum(i+1);

     }
     i=-1;
     int j,k,num=0;
     for (k=1;k<=length;k++)
     {
         j=0;
         while (j<m)
         {
             i++;
             if (i==length)//返回到第一个位置
```

```
            i=0;
          if ((p+i)->GetNum()!=0)j++;//若该人员在圈中，则计数有效
        }
        if (k==length)break;
        (p1+num)->SetName((p+i)->GetName());
        (p1+num)->SetNum((p+i)->GetNum());
        num++;
        (p+i)->SetNum(0);//标识该人员已出圈
    }
    //break 语句跳转至此
    (p1+num)->SetName((p+i)->GetName());
    (p1+num)->SetNum((p+i)->GetNum());
    delete []p;
}
//输出结果函数
void Display(SeqList *p1,int length)
{
  cout<<"序号\t"<<"名字"<<endl;
  for(int i=0;i<length;i++)
  cout<<(p1+i)->GetNum()<<"\t"<<(p1+i)->GetName()<<endl;
  cout<<endl;
}
```

8. game.cpp 文件

```
#include "SeqList.h"
int main( )
{
    int length=0;
    cout<<"请输入准备参加游戏的人数:";
    cin>>length;
    SeqList *p=new SeqList[length];
    SeqList *p1=new SeqList[length];
    Joseph(p,p1,length);
    Display(p1,length);
    return 0;
}
```

9. 运行示例

```
请输入准备参加游戏的人数:5
请输入间隔数 m(m<=20):2
请准备输入游戏者名字
第1个人的名字:杨小邪
第2个人的名字:周伯通
第3个人的名字:西　毒
第4个人的名字:姜子牙
第5个人的名字:穆桂英
序号    名字
2       周伯通
4       姜子牙
1       杨小邪
5       穆桂英
3       西　毒
```

2.3 课程设计

本课程设计要求使用一个头文件和一个源文件的方法，以便进一步巩固学生对头文件设计方法的理解，熟悉编程环境及规范。

2.3.1 在主程序中使用动态内存

假设有一个点类 point，具有两个坐标。显然，坐标点可以是整数，也可以是实数。为了满足这两种情况，需要将其设计为类模板。希望主程序使用这个类模板完成下述功能：

1）主程序为类 point 申请 10 个连续存储空间。

2）调用一个函数从键盘输入 10 个点对象的坐标，并顺序存入申请的内存中。

3）调用一个函数显示 10 个对象的坐标值。

4）调用一个函数，计算将这些坐标点连成一条折线时这条折线的长度。

5）程序结束时，删除申请的内存。

设计这个类和各个函数并验证运算结果的正确性。

因为要在主程序中申请并使用内存，所以可以为这个类设计一个普通的成员函数，将这块内存的首地址作为成员函数的参数以完成输入、显示和计算的功能。

假设类的名字为 point，语句

```
point *p=new point(12.1,32.1);
```

就是使用 point 的指针 p 产生一个对象。“( )”内是参数，只能申请一个并初始化数据成员。如果使用语句

```
point *p=new point;
```

就是申请一个对象的地址，即申请一块连续地址用于存放两个数据。这个对象没有名字，通过指针进行访问。因为成员函数为所有对象所共有，不属于地址分配范畴，所以实际上就是为数据成员分配地址。这里有两个 double 数据，故知每个对象需要 16 字节，连续分配 10 个，就是 160 字节。可以使用如下语句

```
point *p=new point[10];
```

实现。“[ ]”内是连续对象的数量，需要调用无参数构造函数或者具有默认参数的构造函数，否则会产生不匹配的错误（找不到合适的构造函数）。new 返回的是存储这 10 个对象坐标的首地址的指针。

这种动态分配只是给 10 个对象的数据成员分配存储地址，并没有给各个具体的对象命名。因为关心的是 10 个点对象的坐标，可以将一个对象指针指向这块地址，通过对指针使用“+1”或“–1”运算，使指针从当前位置向前或向后移动 16 字节，从而实现存取指定数据的目的，所以对象的名字也就不重要了。

由于类被看作一个数据类型，因此，使用 new 建立动态对象的语法和建立其他类型的动态变量的情况类似，不同点在于 new 是和构造函数一同起作用的。计算机首先分配足以保存这个对象所需的内存，然后自动调用构造函数来初始化这块内存，再返回这个动态对象的地址。和其他类型一样，如果分配内存失败，则给出出错信息，所以在程序中应该判断是否申请到内存，只有在申请到之后才能放心使用。

使用相应函数即可完成所要求的功能。例如：

```
Set(p);                 //读入数据
Display(p);             //显示数据
Length(p);              //计算组成的折线长度
```

因为程序要求将 point 设计为类模板，所以必须使用语句

```
Point<T> *p=new point<T> [10];
```

的形式。本设计将类模板的声明和定义设计在头文件 point.h 中，将 3 个函数设计为函数模板以适应不同的数据类型，并将它们也声明在头文件 point.h 中。在 point11.cpp 文件中定义函数模板和主程序。

1. 头文件

```
//point.h
const int num=10;            //定义数据数量
template <class T>           //声明类模板
class point
{
    private:
       T x,y;
    public:
       point(T=0, T =0);
       T Getx();
       T Gety();
       void Setxy(T,T);
       ~point();
};

//声明3个函数模板原型并使用对象指针作为参数
template <class T>
void Set(point<T> *);

template <class T>
void Display(point<T> *);

template <class T>
void Length(point<T> *);

//类模板成员函数的定义
template <class T>
point<T>::point(T a, T b)
{x=a; y=b;}

template <class T>
T point<T>::Getx()
{return x;}

template <class T>
T point<T>::Gety()
{return y;}

template <class T>
void point<T>::Setxy(T a, T b)
{x=a; y=b;}

template <class T>
point<T>::~point()
{cout<<"delete it:"<<x<<","<<y<<endl;}
```

2. 源文件

```
//point1.cpp
#include <iostream>
#include <cmath>
using namespace std;
#include "point.h"
//定义函数模板
template <class T>
```

```
void Set(point<T> *p)
{
    T a,b;
    for(int i=0;i<num;i++)
    {
        cout<<"Input 第"<<i+1<<"个对象的两个数据成员的值: ";
        cin>>a>>b;
        (p+i)->Setxy(a,b);
    }
}

template <class T>
void Display(point<T> *p)
{
    for(int i=0;i<num;i++)
    {
        cout<<(p+i)->Getx()<<","<<(p+i)->Gety()<<endl;
    }
}

template <class T>
void Length(point<T> *p)
{
    T sum(0.0), a1,b1,a2,b2;
    a1=p->Getx ();
    b1=p->Gety ();

    for(int i=1;i<num;i++)
    {
        a2=(p+i)->Getx ();
        b2=(p+i)->Gety ();
        sum=sum+sqrt((a1-a2)*(a1-a2)+(b1-b2)*(b1-b2));
        a1=a2;
        b1=b2;
    }
    cout<<sum<<endl;
}
//主函数
int main()
{
    point<double> *p=new point<double>[num];        //实型数据
    if(p==NULL)
    {
        cout<<"地址申请失败, 结束程序运行。\n";
        return 0;
    }
    point<int> *p1=new point<int>[num];              //整型数据
    if(p1==NULL)
    {
        cout<<"地址申请失败, 结束程序运行。\n";
        return 0;
    }
    Set(p);
    cout<<"内存块的数据如下: "<<endl;
    Display(p);                                      //显示数据
    cout<<"组成的折线长度为: ";
    Length(p);

    Set(p1);
    cout<<"内存块的数据如下: "<<endl;
    Display(p1);                                     //显示数据
    cout<<"组成的折线长度为: ";
    Length(p1);
```

```
    delete []p;
    delete []p1;
    return 0;
}
```

注意这三个函数模板不是类模板的成员函数，它们使用类模板定义的具体类型的类的指针作为函数参数，也就是申请的动态内存的首地址作为参数。语句

```
point<double> *p=new point<double>[num];      //实型数据
```

声明实数指针 p，可以使用 p+i（i=0,1,2,⋯）的方式遍历申请的内存块，犹如操作数组一样。

需要注意的是，p+i 代表第 i+1 块内存的首地址，它是不能与类的数据成员 x 和 y 直接发生关系的，只能通过类的成员函数存取数据成员 x 和 y。语句

```
a1=p->Getx ();
```

就是通过成员函数 Getx 完成取数据 x 的操作。

3. 运行示例

为了减少输入数据，下面给出的运行示例是将 num 的定义改为 3。

```
Input 第 1 个对象的两个数据成员的值：1 2
Input 第 2 个对象的两个数据成员的值：2 3
Input 第 3 个对象的两个数据成员的值：3 4
内存块的数据如下：
1,2
2,3
3,4
组成的折线长度为：2.82843
Input 第 1 个对象的两个数据成员的值：1 2
Input 第 2 个对象的两个数据成员的值：2 3
Input 第 3 个对象的两个数据成员的值：3 4
内存块的数据如下：
1,2
2,3
3,4
组成的折线长度为：2
delete it:3,4
delete it:2,3
delete it:1,2
delete it:3,4
delete it:2,3
delete it:1,2
```

注意：因为包含计算折线，所以最少应取 num=3，否则实验不具备完整性。

输入相同数据组成特殊折线，但因数据类型不一样，所以两个示例的结果不同。

2.3.2 将函数改为成员函数

上一小节的设计是在主程序中使用类的指针来申请动态内存的，所以类的指针可以作为函数的参数，因为这些函数不是类的成员函数，所以类的指针只能通过类的成员函数存取类的数据成员。如果将这些函数设计为类的成员函数，则类的成员函数可以直接使用自己类的数据成员。

本小节重新设计 point 类，注意比较两个设计的异同。

1. 头文件

```
//point.h
const int num=10;
```

```
template <class T>          //声明类模板
class point
{
    private:
       T x,y;
    public:
        point(T=0, T =0);
       void Set(point<T> *);
       void Display(point<T> *);
       void Length(point<T> *);

       ~point();
};
//定义类模板的成员函数，它们的定义方式与函数模板一样
template <class T>
point<T>::point(T a, T b)
{x=a; y=b;}

template <class T>
point<T>::~point()
{cout<<"delete it:"<<x<<","<<y<<endl;}

template <class T>
void point<T>::Set(point<T> *p)
{
    for(int i=0;i<num;i++)
    {
        cout<<"Input 第"<<i+1<<"个对象的两个数据成员的值：";
        cin>>(p+i)->x>>(p+i)->y;
    }
}

template <class T>
void point<T>::Display(point<T> *p)
{
    for(int i=0;i<num;i++)
        cout<<(p+i)->x<<","<<(p+i)->y<<endl;
}

template <class T>
void point<T>::Length(point<T> *p)
{
    T sum((T)0), a1,b1,a2,b2;
    a1=p->x;
    b1=p->y;
    for(int i=1;i<num;i++)
    {
        a2=(p+i)->x;
        b2=(p+i)->y;

        sum=sum+sqrt((a1-a2)*(a1-a2)+(b1-b2)*(b1-b2));
        a1=a2;
        b1=b2;
    }
    cout<<sum<<endl;
}
```

2. 源文件

```
//point2.cpp
#include <iostream>
#include <cmath>
```

```
using namespace std;
#include "point.h"

int main()
{
    point<double> *p=new point<double>[num];
    if(p==NULL)
    {
        cout<<"地址申请失败，结束程序运行。\n";
        return 0;
    }
    p->Set(p);
    cout<<"内存块的数据如下："<<endl;
    p->Display(p);                    //显示数据
    cout<<"组成的折线长度为：";
    p->Length(p);
    delete []p;
    return 0;
}
```

如果将 num 的定义改为 3 并使用前面的数据，其结果一样。

2.3.3 在成员函数中使用动态内存

在有些情况下，不能在主程序里申请动态内存，而是在类的成员函数中申请。这时，可以在类中设计一个指针，用来指向动态内存的首地址。

如果只是对一个数据成员操作，就很简单。但本课程设计具有两个数据成员，所以需要寻求合适的解决办法。因为这个数据是成对出现的，所以可以先申请一块能容纳它们的内存，然后采取合适的算法实现其功能。

1. 头文件

```
//point.h
template < class  T >          //声明类模板
class point
{
    private:
        T *data;
        int MaxSize;
    public:
        point(int Size=10);
        void Display();
        void Length();
        void Set();
        ~point();
};
//定义类模板的成员函数，它们的定义方式与函数模板一样
template < class  T >
point<T>::point(int Size)
{
    MaxSize=2*Size;
    data=new T[MaxSize];    //申请内存数量加倍
}

template < class  T >
point<T>::~point(){    delete []data;}

template < class  T >
void point<T>::Display()
```

```
{
    for(int i=0;i<MaxSize;i=i+2)                //每次处理1个坐标数据
        cout<<data[i]<<","<<data[i+1]<<endl;
}

template < class  T >
void point<T>::Length()
{
    T sum((T)0), a1,b1,a2,b2;
    a1=data[0];
    b1=data[1];
    for(int i=2;i<MaxSize;i=i+2)                //每次取1个坐标点，即两个数据
    {
        a2=data[i];
        b2=data[i+1];
        sum=sum+sqrt((a1-a2)*(a1-a2)+(b1-b2)*(b1-b2));
        a1=a2;
        b1=b2;
    }
    cout<<sum<<endl;
}

template < class  T >
void point<T>::Set()
{
    for(int i=0,j=0;i<MaxSize;i=i+2,j++)   //每次设置1个坐标点，即两个数据
    {
        cout<<"Input 第"<<j+1<<"个对象的两个数据成员的值: ";
        cin>>data[i]>>data[i+1];
    }
}
```

2. 源文件

```
//point3.cpp
#include <iostream>
#include <cmath>
#include "point.h"
using namespace std;
int main()
{
    point<double>p(3);
    p.Set();
    cout<<"内存块的数据如下: "<<endl;
    p.Display();
    cout<<"组成的折线长度为: ";
    p.Length();
    return 0;
}
```

如果使用前面的数据，其结果一样。

2.3.4 使用结构作为模板的数据类型

假设定义如下结构作为类模板的数据类型：

```
struct st{
        double x,y;
};
```

则语句

```
point<st>p(3);
```

是使用结构类型 st 作为模板的数据类型，所以语句

```
T *data=new T[MaxSize];
```

申请的动态内存就是结构 st 类型的存储空间，这就解决了存储点坐标的问题。

1. 头文件

```
//point.h
struct st{
        double x,y;
};

template < class  T >
class point
{
    private:
       T *data;
       int MaxSize;
    public:
       point(int Size=10);
       void Display();
       void Length();
       void Set();
       ~point();
};

template < class  T >
point<T>::point(int Size)
{
    MaxSize=Size;
    data=new T[MaxSize];
}

template < class  T >
point<T>::~point(){     delete []data;}

template < class  T >
void point<T>::Display()
{
    for(int i=0;i<MaxSize;i++)
            cout<<data[i].x<<","<<data[i].y<<endl;
}

template < class  T >
void point<T>::Length()
{
    double sum=0, a1,b1,a2,b2;
    a1=data[0].x;
    b1=data[0].y;
    for(int i=1;i<MaxSize;i++)
    {
        a2=data[i].x;
        b2=data[i].y;
        sum=sum+sqrt((a1-a2)*(a1-a2)+(b1-b2)*(b1-b2));
        a1=a2;
        b1=b2;
    }
    cout<<sum<<endl;
}
template < class  T >
void point<T>::Set()
{
```

```
    st a;
    for(int i=0;i<MaxSize;i++)
    {
        cout<<"Input 第 "<<i+1<<" 个对象的两个数据成员的值: ";
        cin>>data[i].x>>data[i].y;
    }
}
```

2. 源文件

```
//point.cpp
#include <iostream>
#include <cmath>
#include "point.h"
using namespace std;

int main()
{
    point<st>p(10);
    p.Set();
    cout<<" 内存块的数据如下: "<<endl;
    p.Display();                    // 显示数据
    cout<<" 组成的折线长度为: ";
    p.Length();
    return 0;
}
```

3. 运行示例

如果定义 3 个坐标并使用前面的数据，其结果一样。下面给出 10 个坐标的运行示例。

```
Input 第 1 个对象的两个数据成员的值: 1.1 1.2
Input 第 2 个对象的两个数据成员的值: 2.1 2.2
Input 第 3 个对象的两个数据成员的值: 3.1 3.2
Input 第 4 个对象的两个数据成员的值: 4.1 4.2
Input 第 5 个对象的两个数据成员的值: 5.1 5.2
Input 第 6 个对象的两个数据成员的值: 6.1 6.2
Input 第 7 个对象的两个数据成员的值: 7.1 7.2
Input 第 8 个对象的两个数据成员的值: 8.1 8.2
Input 第 9 个对象的两个数据成员的值: 9.1 9.2
Input 第 10 个对象的两个数据成员的值: 10.1 10.2
内存块的数据如下:
1.1,1.2
2.1,2.2
3.1,3.2
4.1,4.2
5.1,5.2
6.1,6.2
7.1,7.2
8.1,8.2
9.1,9.2
10.1,10.2
组成的折线长度为: 12.7279
```

2.4 评分标准

本章主要是让学生掌握类模板和动态内存分配的设计方法，目的还是立足于理解，以便为下一步的学习打下基础。第 4 个课程设计题目是必选设计，完成此题即可获得 75 分。只要能完成这 4 个课程设计，即可获得 80 分的成绩。如果能在此基础上有所发挥，可以根据情况，给予 85~90 分的成绩。如果完成的数量低于 4 个，则根据情况相应扣分。

第3章 线　性　表

本章主要介绍线性表的顺序存储结构和链式存储结构的异同及其基本运算的算法。因为本章的内容既是学习数据结构的开篇，也是全书的学习重点，所以应该熟练掌握本章的分析方法。

3.1 本章重点

本章的重点是掌握顺序表（即线性表的顺序存储）和单链表上实现的各种基本运算的算法。本章内容是全书的基础和重点，所以必须深入理解、熟练掌握。

线性表的顺序存储的各种算法在教材中介绍得较多，这里不再举例。单链表用途较多，也较常见，所以它既是重点也是难点。教材中的例子都只涉及一个数据成员，这是最简单的情况。本章将给出两个数据成员的例子。

3.2 本章难点

本章难点是双向链表和循环链表。不过，对于实际应用来讲，还是应该对具有多个数据成员的线性链表给予足够重视。

对于给定问题，可以有不同的解决方法。本节主要结合实例说明这些问题。

3.2.1 使用类模板的学生信息链表

要求建立一个学生信息表。为了简单起见，信息只包括学生学号和成绩，具体要求如下：

1）建立链表并输出链表内容和平均成绩。

2）建立链表时，如果第1次就输入0，则退出程序。

3）使用学生类模板，名称为Student。

4）使用一个头文件student.h和一个C++文件student.cpp。

1. 设计思想

选择学生类的数据类型为结构，结构含有学生学号和成绩。因为是建立链表，所以这个结构可以具有一个指向自己的指针。学生学号使用string类型，包含它的头文件string即可以直接使用。假设将它设计为

```
struct Student_dat
{
        string number;
        int score;
        Student_dat *next;
};
```

将平均成绩作为Student类的数据成员mean，则这个类具有如下形式：

```
template<class T>
```

```
class Student
{
    public:
       Student_dat *stulist(Student_dat *);          //建立学生信息链表
       void getmean();                               //得到平均值
       //其他成员函数
       …
     private:
       double mean;                                  //平均值
};
```

在设计成员函数时，应尽可能使用 void 类型。这里的 mean 不能使用 T 定义，因为 T 将被 Student_dat 类型替换，即语句

```
Student<Student_dat>a;
```

将定义一个类的对象 a。mean 具有确定的类型 double。

在计算之前必须建立链表。可以为类设计一个返回结构指针的函数 stulist，其原型为

```
Student_dat *stulist(Student_dat *);
```

2. 头文件

```
//student.h
#include<iostream>
#include<string>
using namespace std;
//结构 Student_dat
struct Student_dat
{
          string number;                          //学号
          int score;                              //分数
          Student_dat *next;
};
//声明类模板
template<class T>
class Student
{
     public:
        void stuset(Student_dat *);               //接收一个学生的信息
        Student_dat *stulist(Student_dat *);      //建立学生信息链表
        void stumean(Student_dat *);              //计算平均成绩
        void display(Student_dat *);              //显示学生信息链表内容
        void getmean();                           //取平均成绩
     private:
        double mean;
};
//定义成员函数
//**************************************
//* 函  数: stuset                      *
//* 功  能: 接收一名学生的输入信息      *
//* 参  数: 结构 Student_dat 的指针     *
//* 返回值: 无                          *
//**************************************
template<class T>
void Student<T>::stuset(Student_dat *a)
{
    cout<<"学号: ";
    cin>>a->number;
    if(a->number=="0")
        return;
```

```
   cout<<" 成绩 : ";
   cin>>a->score;
}
//**************************************
//* 函  数: display                     *
//* 功  能: 输出结构链表的信息            *
//* 参  数: 结构 Student_dat 的指针       *
//* 返回值: 无                           *
//**************************************
template<class T>
void Student<T>::display(Student_dat *top)
{
     Student_dat *p=top;
     p=p->next;
     while(p!=NULL){
          cout<<p->number<<'\t'<<p->score<<endl;
          p=p->next;
     }
}
//**************************************
//* 函  数: getmean                     *
//* 功  能: 输出平均成绩                  *
//* 参  数: 无                           *
//* 返回值: 无                           *
//**************************************
template<class T>
void Student<T>::getmean()
{cout<<" 平均成绩: "<<mean<<endl;}
//**************************************
//* 函  数: stulist                     *
//* 功  能: 建立链表                     *
//* 参  数: 结构 Student_dat 的指针       *
//* 返回值: 结构 Student_dat 的指针       *
//**************************************
template<class T>
Student_dat *Student<T>::stulist(Student_dat *top)
{
        Student_dat *p,*star;
        star=top;
        top->next=star;
        while(1)
        {
               p=new Student_dat;
               stuset(p);
               if(p->number=="0")
                     break;
               star->next=p;
               star=p;
        };
        star->next=NULL;
        return top;
}
//**************************************
//* 函  数: stumean                     *
//* 功  能: 计算平均成绩                  *
//* 参  数: 结构 Student_dat 的指针       *
//* 返回值: 无                           *
//**************************************
template<class T>
void Student<T>::stumean(Student_dat *top)
{
```

```
        if(top->next==NULL)
                return;
        Student_dat *p=top;
        p=p->next;
        double sum=0;
        int i=0;
        while(p!=NULL)
        {
           i++;
           sum+=p->score;
           p=p->next;
        }
        mean=sum/i;
        return;
}
```

3. 主程序

```
//student.cpp
#include"student.h"
void main()
{
         Student_dat *top=new Student_dat;
         Student<Student_dat>a;
         a.stulist(top);
         a.stumean(top);
         a.display(top);
         a.getmean();
         delete top;
}
```

4. 运行示例

```
学号 : PB01211
成绩 : 90
学号 : PB01223
成绩 : 97
学号 : PB01214
成绩 : 89
学号 : PB01256
成绩 : 67
学号 : 0
PB01211 90
PB01223 97
PB01214 89
PB01256 67
平均成绩: 85.75
```

3.2.2 使用类的学生信息链表

从上面可以看出，类模板需要使用结构数据类型。对于给定问题，已经明确了数据类型。不像教科书讨论的那样，是针对不同数据类型的，也就是参数化。这时，针对具体类型求解反而更简单。本小节不使用类模板来设计这个问题的解决方案。

另外，类的设计也是变化的。可以采取简单的方法解决实际问题。例如，可以在计算平均值的时候一边计算一边输出信息，最后输出平均值。而平均值也不需要作为类的数据成员，而是作为计算中的临时变量处理。

本程序合并了一些成员函数的功能，虽然可读性不如前面的设计，但将类的成员函数简化为两个，而且也保持了较好的结构化性能。

1. 头文件

```
//student.h
struct Student_dat
{
        string number;
        int score;
        Student_dat *next;
};

class Student
{
    public:
       Student_dat *stulist(Student_dat *);
       void stumean(Student_dat *);
};
// 定义成员函数
//*************************************
//* 函  数: stulist                   *
//* 功  能: 建立链表                   *
//* 参  数: 结构 Student_dat 的指针     *
//* 返回值: 结构 Student_dat 的指针     *
//*************************************
Student_dat *Student::stulist(Student_dat *top)
{
       Student_dat *p,*star;
       star=top;
       top->next=star;
       while(1)
       {
           p=new Student_dat;
            cout<<" 学号 : ";
           cin>>p->number;
           if(p->number=="0")
                 break;
           cout<<" 成绩 : ";
            cin>>p->score;
            star->next=p;
            star=p;
       };
       star->next=NULL;
       return top;
}
//*************************************
//* 函  数: stumean                   *
//* 功  能: 计算并输出平均值            *
//* 参  数: 结构 Student_dat 的指针     *
//* 返回值: 无                         *
//*************************************
void Student::stumean(Student_dat *top)
{
       if(top->next==NULL)
             return;
       Student_dat *p=top;
       p=p->next;
       double sum=0;
       int i=0;
       while(p!=NULL)
       {
```

```
            i++;
            sum+=p->score;
            cout<<p->number<<'\t'<<p->score<<endl;
            p=p->next;
        }
        cout<<"平均成绩: "<<sum/i<<endl;
        return;
}
```

2. 主程序

```
//student.cpp
#include"student.h"
void main()
{
        Student_dat *top;
        top=new Student_dat;
        Student a;
        a.stulist(top);
        a.stumean(top);

        delete top;
}
```

循环链表见后面的实验和课程设计。

3.3 实现一元多项式的加法运算实验解答

一元多项式的运算包括加法、减法和乘法，而多项式的减法和乘法都可以用加法来实现，这里给出实现一元多项式加法运算的算法。

3.3.1 问题分析

在数学上，一元 n 次多项式 $P_n(x)$ 可按降序写成：

$$P_n(x) = p_n x^n + p_{n-1} x^{n-1} + \cdots + p_1 x + p_0$$

它由 n+1 个系数唯一确定。因此，在计算机里它可以用一个线性表 P 来表示：

$$P = (p_n, p_{n-1}, \cdots, p_1, p_0)$$

每一项的指数 i 隐含在其系数 p_i 的序号里。

假设 $Q_m(x)$ 是一元 m 次多项式，同样可用线性表 Q 来表示：

$$Q = (q_m, q_{m-1}, \cdots, q_1, q_0)$$

不失一般性，假设 $m < n$，则两个多项式相加的结果 $R_n(x) = P_n(x) + Q_m(x)$ 可用线性表 R 表示：

$$R = (p_n, \cdots, p_{m+1}, p_m + q_m, \cdots, p_1 + q_1, p_0 + q_0)$$

很显然，可以对 P、Q 和 R 采用顺序存储结构，使得多项式相加的算法定义和实现十分简单。然而，在通常的应用中，多项式的次数可能变化很大而且很高，使得顺序存储结构的最大长度很难确定。特别是在项数少且次数特别高的情况下，对内存空间的浪费是相当大的。因此，一般情况下，都是采用链式存储结构来处理多项式的运算，使用两个线性链表分别表示一元多项式 $P_n(x)$ 和 $Q_m(x)$。每个结点表示多项式中的一项。

因为多项式的数据类型已经确定，其指数为整数，系数为实数，所以就不需要将其设计为模板了。假设链表结点的类型定义如下：

```
typedef struct {
  double  coef;   //系数
  int     expn;   //指数
}DataType;
typedef struct  node {
   DataType  data;
   struct node *next;
}ListNode, * LinkList;
```

3.3.2 算法解析

1. 建立有序链表

要实现多项式的加法运算，首先要建立多项式的存储结构，而每个一元多项式的存储结构就是一个有序单链表。有序链表的基本操作的定义与线性链表有两处不同，一个是结点的查找定位操作 LocateNode 不同，二是结点的插入操作 InsertNode 不同，这两个操作算法分别描述如下：

```
//结点的查找定位
int LocateNode(LinkList L,DataType e,int &q)
{
    ListNode *p=L->next;
    q=0;                                          //记录结点位置序号
    while( p && e.expn<p->data.expn)
    {  p=p->next;
       q++;
    }
    if (p==NULL || e.expn !=p->data.expn)
       return 1;                                  //查找失败
    else
       return 0;                                  //查找成功
}
//有序链表结点的插入
void InsertNode(LinkList &L, DataType e,int q)
{  //在有序表中插入一个结点，仍保持表的有序性
    ListNode *s, *p ;
    int i=0;
    p=L;
    while(p->next &&i<q)
    {  p=p->next;
       i++;
    }                                             //查找插入位置
    s=new(ListNode);
    s->data.coef=e.coef;
    s->data.expn=e.expn;
    s->next=p->next;
    p->next=s;
}
```

有了上述两个算法之后，建立一个一元多项式的单链表就非常简单了。需要注意，这个算法不允许再次输入相同指数项，这利用查找标志来实现。具体实现算法如下：

```
//多项式链表的建立
void CreatPolyn(LinkList &L,int n)
{
     LinkList pa;
```

```
    int i,q;
    DataType e;
    pa=new(ListNode);

    pa->next=NULL;
    for(i=1;i<=n;i++)
    {
       cin>>e.coef>>e.expn;
       if(LocateNode(pa,e,q))  //当前链表中不存在该指数项
           InsertNode(pa,e,q);
    }
    L=pa;
}
```

2. 多项式链表相加

如何实现用上述的线性链表表示的多项式的加法运算呢？根据一元多项式相加的运算规则来实现：对于两个一元多项式中所有指数相同的项，对应系数相加，若其和不为零，则构成“和多项式”中的一项；对于两个一元多项式中所有指数不相同的项，则分别复制到“和多项式”中相应的位置。

根据以上运算规则，算法思路如下：假设 pc 为指向“和多项式链表”当前尾结点的指针，指针 pa 和 pb 分别指向两个多项式中当前进行比较的某个结点，则比较两个结点中的指数项值，有下面 3 种情况：

1）若指针 pa 所指结点的指数值大于指针 pb 所指结点的指数值，则取 pa 指针所指向的结点插入到 pc 指针所指结点之后，分别修改指针 pa 和 pc，使之指向链表的下一个结点。

2）若指针 pa 所指结点的指数值小于指针 pb 所指结点的指数值，则取 pb 指针所指向的结点插入到 pc 指针所指结点之后，分别修改指针 pb 和 pc，使之指向链表的下一个结点。

3）若指针 pa 所指结点的指数值等于指针 pb 所指结点的指数值，则将两个结点中的系数相加，如果其和数不为零，则修改 pa 指针所指结点中的系数值，将其结点插入到 pc 指针所指结点之后，分别修改指针 pa、pb 和 pc，使之指向各自链表的下一个结点，同时删除并释放指针 pb 原先指向的结点。如果和数为零，则保存 pa 和 pb 所指向的结点，修改 pa 和 pb 指针使之指向各自的下一个结点，然后释放保存的两个结点。再比较指针 pa 和 pb 指向结点中的指数项值，分 3 种情况进行处理，这样的操作一直继续到 pa 或 pb 等于 NULL 为止。最后将未结束的链表后面剩余的结点连接到 pc 指针所指向结点之后。

上述多项式的相加过程和两个有序链表合并的过程类似，不同之处仅在于多项式的比较多了相等比较后的操作。因此，多项式相加的过程完全可以利用线性链表的基本操作来实现。实现多项式相加的算法如下：

```
//多项式链表的相加
void AddPolyn(LinkList La,LinkList Lb,LinkList &Lc)
{  //两个有序链表 La 和 Lb 表示的多项式相加
    ListNode *pa,*pb,*pc,*s;
    float sum;
    pa=La->next; pb=Lb->next;    //pa 和 pb 分别指向两个链表的开始结点
    Lc=pc=La;                    //用 La 的头结点作为 Lc 的头结点
    while(pa&&pb){
      if(pa->data.expn>pb->data.expn){
         pc->next=pa;pc=pa; pa=pa->next;
      }
      else if(pa->data.expn<pb->data.expn)
         { pc->next=pb; pc=pb; pb=pb->next; }
```

```
        else {
                sum=pa->data.coef+pb->data.coef;
                if(fabs(sum)>1e-6){ //系数和不为零
                  pa->data.coef=sum;
                  pc->next=pa;pc=pa; pa=pa->next;
                  s=pb;pb=pb->next;
                     delete s;
                }
                else {
                  s=pa;pa=pa->next;delete(s);
                  s=pb;pb=pb->next;delete(s);
                }
        }
    }
    pc->next=pa ? pa : pb;                //插入链表剩余部分
    delete(Lb);                           //释放 Lb 的头结点
}
```

3. 多项式链表输出

在输出项中使用了条件表达式，当系数项为正数时，在系数前输出一个“+”号，否则输出一个空格，而负数的负号还照常输出，使得输出结果尽量与原多项式的表示形式类似。因此，输出多项式链表的算法如下：

```
//多项式链表的输出
void printList(LinkList L)
{
      ListNode *p;
      p=L->next;
      while(p)
      {
         cout<<(p->data.coef>0 ? '+' : ' ')<<p->data.coef<<"x^"<<p->data.expn;
         p=p->next;
      }
      cout<<endl;
}
```

3.3.3 完整的源程序清单

```
#include<iostream>
#include<cmath>
using namespace std;                      //使用命名空间

//多项式链表结点类型定义
typedef struct {
   double  coef;                          //系数
   int    expn ;                          //指数
}DataType;

typedef struct node {
    DataType  data;
    struct node *next;
}ListNode, * LinkList;

//结点的查找定位
int LocateNode(LinkList L,DataType e,int &q)
{
    ListNode *p=L->next;
    q=0;    //记录结点位置序号
    while( p && e.expn<p->data.expn)
```

```
    {   p=p->next;
        q++;
    }
    if (p==NULL || e.expn !=p->data.expn)
        return 1;
    else
        return 0;
}
//有序链表结点的插入
void InsertNode(LinkList &L, DataType e,int q)
{
    ListNode *s, *p ;
    int i=0;
    p=L;
    while(p->next &&i<q)
    {  p=p->next;
       i++;
    }
    s=new(ListNode);
    s->data.coef=e.coef;
    s->data.expn=e.expn;
    s->next=p->next;
    p->next=s;
}
//多项式链表的建立
void CreatPolyn(LinkList &L,int n)
{
    LinkList pa;
    int i,q;
    DataType e;
    pa=new(ListNode);

    pa->next=NULL;
    for(i=1;i<=n;i++)
    {
        cin>>e.coef>>e.expn;
        if(LocateNode(pa,e,q))      //当前链表中不存在该指数项
        InsertNode(pa,e,q);
    }
    L=pa;
}
//多项式链表的输出
void printList(LinkList L)
{
    ListNode *p;
    p=L->next;
    while(p)
    {
       cout<<(p->data.coef>0 ? '+' : ' ')<<p->data.coef<<"x^"<<p->data.expn;
       p=p->next;
    }
    cout<<endl;
}
//多项式链表的相加
void AddPolyn(LinkList La,LinkList Lb,LinkList &Lc)
{  //两个有序链表La和Lb表示的多项式相加
    ListNode *pa,*pb,*pc,*s;
    float sum;
    pa=La->next; pb=Lb->next;              //pa和pb分别指向两个链表的开始结点
    Lc=pc=La;                              //用La的头结点作为Lc的头结点
    while(pa&&pb){
```

```
        if(pa->data.expn>pb->data.expn){
            pc->next=pa;pc=pa; pa=pa->next;
        }
        else if(pa->data.expn<pb->data.expn)
        { pc->next=pb; pc=pb; pb=pb->next; }
        else {
              sum=pa->data.coef+pb->data.coef;
              if(fabs(sum)>1e-6){ //系数和不为零
                 pa->data.coef=sum;
                 pc->next=pa;pc=pa; pa=pa->next;
                 s=pb;pb=pb->next;
                    delete s;
             }
             else {
               s=pa;pa=pa->next;delete(s);
               s=pb;pb=pb->next;delete(s);
             }
        }
    }
    pc->next=pa ? pa : pb;       //插入链表剩余部分
    delete(Lb);                  //释放 Lb 的头结点
}

//主函数
void main()
{
   LinkList La,Lb,Lc;
   int n;
   cout<<"输入第一个多项式的项数 :";
   cin>>n;
   cout<<"输入第一个多项式的每一项的系数 指数 :\n";
   CreatPolyn(La,n);
   cout<<"第一个多项式为: ";
   printList(La);

   cout<<"输入第二个多项式的项数 :";
   cin>>n;
   cout<<"输入第二个多项式的每一项的系数 指数: \n";
   CreatPolyn(Lb,n);
   cout<<"第二个多项式为: ";
   printList(Lb);
   AddPolyn(La,Lb,Lc);
   cout<<"\n相加后的和多项式为: ";
   printList(Lc);
}
```

3.3.4 程序运行测试

假设要计算多项式$9x^{15}+7x^8+5x^3+3x$与多项式$-7x^8+6x^3+2$的和。程序运行后给出如下提示：

```
输入第一个多项式的项数:
```

输入 4 并回车后，程序接着提示：

```
输入第一个多项式的每一项的系数 指数:
```

这时每次输入一组系数和指数，两者之间用空格隔开。例如“9 15”表示$9x^{15}$。输入的顺序与多项式的系数无关，例如输入如下系数和指数：

```
9 15
5 3
7 8
3 1
```

则程序输出的第一个多项式为“+ 9x^15 + 7x^8 + 5x^3 + 3x^1”。

这时程序又提示：

```
输入第二个多项式的项数:
```

输入 3，回车后按提示输入第二个多项式的每一项的系数和指数。例如：

```
 2 0
 6 3
-7 8
```

这时程序输出第二个多项式为“–7x^8 + 6x^3 + 2x^0”。

程序输出相加后的和多项式为“+ 9x^15 + 11x^3 + 3x^1 + 2x^0”。

从上面的输入和输出结果可以看出，无论输入的顺序如何，生成的多项式链表总是有序的（降序），这是在建立多项式链表算法中实现的。

下面给出另外一个例子。

```
输入第一个多项式的项数 :2
输入第一个多项式的每一项的系数 指数 :
1.5 2
3 -1
第一个多项式为: +1.5x^2+3x^-1
输入第二个多项式的项数 :3
输入第二个多项式的每一项的系数 指数:
1 2
3 4
5 -2
第二个多项式为: +3x^4+1x^2+5x^-2
相加后的和多项式为: +3x^4+2.5x^2+3x^-1+5x^-2
```

两个一元多项式相乘的算法，可以利用两个一元多项式相加的算法来实现，因为乘法运算可以分解为一系列的加法运算。假设两个一元多项式为 $P_n(x)$ 和 $Q_m(x)$，则

$$M(x) = P(x) \times Q(x) = P(x) \times (q_n x^{e_n} + q_{n-1} x^{e_{n-1}} + \cdots + q_1 x^{e_1}) = \sum_{i=1}^{n} q_i P(x) x^{e_i}$$

其中，每一项都是一个一元多项式。有兴趣的学生可以利用上述多项式加法运算的算法来实现两个一元多项式的乘法运算。

3.4 求解改进的约瑟夫环游戏课程设计

本课程设计是使用动态内存作为单循环链表求解第 2 章的实验题目，即求解改进的约瑟夫环游戏。

3.4.1 设计要求

这里重复一下第 2 章的题目：假设有人数为 n 的一个小组，他们按顺时针方向围坐一圈。一开始任选一个正整数作为报数上限值 m，从第一个人开始按顺时针方向自 1 开始顺序报数，报到 m 时停止报数。报数 m 的人出列，然后从他顺时针方向的下一个人开始重新从 1 报数，

报到 *m* 时停止报数并出列。如此下去，直至所有人全部出列为止。要求使用动态内存作为单循环链表，按他们出列的顺序输出他们原来的代号和名字。

1）用一个简单的循环链表接收输入，并且参加游戏的人数和间隔可变。

2）在程序中输出出圈者的信息，每行输出包括一个人的编号和名字的完整信息。

3）使用头文件 Ring.h 和 Ring.cpp 文件实现程序功能。

4）假设 Jose 类是一个玩游戏的类。创建一个玩游戏的对象 game，则这个游戏对象 game 就可以调用自己的相应成员函数完成游戏的各项准备工作和求解。主程序在文件 main.cpp 中。下面是主程序求解的参考程序。

```
int main()
{
    Jose game;                  //创建一个游戏对象
    game.Inital();              //将对象初始化，即参加人数和间隔
    game.Find();                //输入游戏人员的名字并求解
    return 0;
}
```

3.4.2 设计思想

由主程序可知，这个类为 Jose，类有一个用来完成初始化的成员函数 Initial 和一个用来求解的成员函数 Find。主程序要求先创建一个对象 game，通过 game 对象来解决具体的问题。

这里要求使用一个简单的链表来求解，简单链表莫过于直接使用一块连续存储区。只要申请一块连续内存空间，并通过指向自身的指针将这些存储区首尾链接起来，就形成一个简单的环形链表。因为数据类型已经确定，所以不需要使用模板。可以设计如下简单结构：

```
struct person
{
        int code;
        char name[10];
        person *next;
};
```

假设参加人数为 3，则可以申请如下内存：

```
erson *p=new person[3];
```

将 next 域按链表要求连接起来，就构成一个简单链表。图 3-1 是具有 3 个结点的简单循环链表示意图。

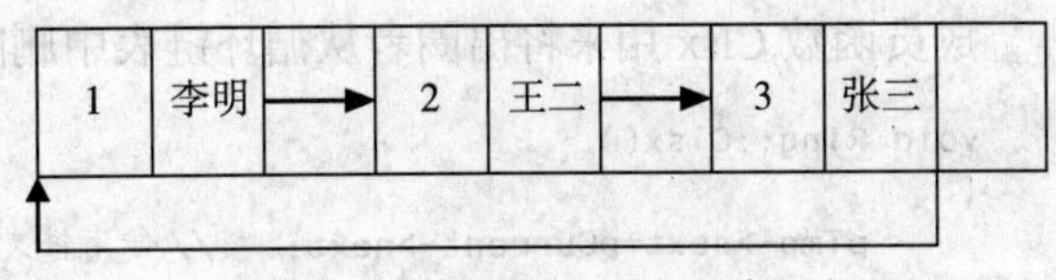

图 3-1　简短循环链表示意图

假设分配的顺序是 code、name、next，则 code 从 1 开始顺次增 1，名字分别如图 3-1 所示，使用箭头指示 next 的指向。其实，箭头就是指向相邻的地址，最后一个则指向第一个的首地址，从而构成一个循环链表。

下面简单说明类的组成。

1. Ring 类

Ring 类使用结构 person 构成循环链表，并提供维护链表和使用链表的成员函数。为了构造和使用链表，使用结构 person 的 3 个指针作为它的属性，即数据成员。由此可见，类和结构的关系是包含关系。

```
class Ring
{
```

```
  private:
        person *pBegin;              //指向循环链表的表头
        person *pCurrent;            //用来循环
        person *pTmp;                //作为链表哨兵使用

  public:
        Ring(int n);                 //构造函数，用来创建循环链表
        void Countx(int m);          //按规定间隔计数
        void Display();              //显示创建的链表内容
        void Dispx();                //显示出圈者的信息
        void Clsx();                 //将出圈者从循环链表中删除
        ~Ring();                     //释放内存
};
```

2. Jose 类

从主函数可以直接推知这个类的构成。这个类需要提供参加游戏的人数和计数间隔，这两个属性作为类的数据成员。类的构造函数需要两个参数，但从主程序的语句

```
Jose game;
```

可知，它需要创建一个具有默认参数的游戏对象。将 Jose 类声明如下：

```
class Jose
{
   private:
      int number;                    //参加游戏的人数
      int interval;                  //间隔

   public:
      Jose(int=0, int=0);            //默认参数形式
      void Initial();                //接收游戏人数和间隔
      void  Find();                  //求解并输出结果
};
```

显然，类 Ring 和结构 person 是包含关系。而类 Jose 的成员函数 Find 使用 Ring 类的成员函数。因为两者不是包含关系，所以类 Jose 的成员函数 Find 必须先定义一个 Ring 类的对象，然后通过这个对象使用其成员函数完成预定任务。其实，Find 函数是它们之间的接口。

3. 删除结点成员函数

成员函数 Clsx 用来将出圈者从循环链表中删除。

```
void Ring::Clsx()
{
    pTmp->next=pCurrent->next;    //使用链表哨兵
    pCurrent=pTmp;
}
```

4. 显示内容函数 Display 和 Dispx

成员函数 Dispx 用来显示当前指针指向的信息，而成员函数 Display 则调用 Dispx 实现全部信息的输出。

```
void Ring::Dispx()
{  cout<<pCurrent->code<<" "<<pCurrent->name<<endl;}
void Ring::Display()
{
    person *p=pCurrent;
    do{
        Dispx();
        pCurrent=pCurrent->next;
```

```
    }while(p!=pCurrent);
}
```

3.4.3 文件及函数组成

根据以上讨论，给出如表 3-1 所示的文件组成，下面简要地描述一下这些函数。

表 3-1 文件及函数组成

源文件	函数名或其他成分	功 能
main.cpp	main	总控函数
Ring.cpp	Jose	类 Jose 的构造函数
	Initial	初始化游戏人数和间隔
	Find	求解
	GetNum	返回参加人数
	Ring	类 Ring 的构造函数
	Countx	按给定间隔计数
	Clsx	删除出圈者
	Dispx	显示当前信息
	Display	显示全部信息
	~Ring	类 Ring 的析构函数
Ring.h	类 Jose	声明类 Jose
	结构 person	声明结构 person
	类 Ring	声明类 Ring

1. 类 Jose 的构造函数 Jose

函数原型：Jose::Jose(int=0, int=0)

功　　能：将属性清零

参　　数：int

2. 获取 number 的成员函数 GetNum

函数原型：int Jose::GetNum( )

功　　能：返回类的数据成员 Number

参　　数：无

返 回 值：int

3. 初始化函数 Initial

函数原型：void Jose::Initial( )

功　　能：设置参加游戏人数和间隔

参　　数：无

返 回 值：无

工作方式：接收键盘输入

要　　求：给出相关提示信息

4. 求解函数 Find

函数原型：Jose::Find( )

功　　能：求解出圈顺序

参　　数：无

返 回 值：无

工作方式：产生一个 Ring 对象构造循环链表，然后调用 Ring 的相应成员函数完成求解

要　　求：给出原始和出圈信息并写入相应文件

5. 类 Ring 的构造函数 Ring

函数原型：Ring::Ring(int)

功　　能：构造循环链表、输出参加者信息并建立原始文件

参　　数：int

工作方式：根据参加人数建立循环链表和原始文件

6. 计数间隔函数 Countx

函数原型：Ring::Countx(int)

功　　能：根据给定的间隔进行计数

参　　数：int

返 回 值：无

工作方式：将当前位置移到给定的间隔处

要　　求：使用指针沿链表移动

7. 从链表上删除的记录函数 Clsx

函数原型：Ring::Clsx( )

功　　能：将当前指针指示的出圈游戏者删除

参　　数：无

返 回 值：无

工作方式：删除出圈者

8. 显示当前记录函数 Dispx

函数原型：Ring::Dispx( )

功　　能：显示循环链表当前指针指示的游戏者信息

参　　数：无

返 回 值：无

工作方式：根据给定的指针，显示游戏者的编号和姓名

要　求：先显示编号，然后显示姓名

9. 显示全部参加游戏者的函数 Display

函数原型：Ring::Display( )

功　　能：显示游戏结果

参　　数：无

返 回 值：无

工作方式：输出参加游戏者的信息

要　　求：按分配的编号和姓名，以一个游戏者一行的方式输出

10. 类 Ring 的析构函数 Ring

函数原型：~Ring::Ring( )

功　　能：释放内存

参　　数：无

返 回 值：无

工作方式：将动态内存释放

11. 主函数 main

函数原型：int main( )

功　　能：控制程序

参　　数：无

返 回 值：0

12. 头文件 Ring.h

文件名称：Ring.h

功　　能：声明结构 person、类 Ring 和类 Jose，包含系统头文件

要　　求：使用预处理实现条件编译

3.4.4 参考程序清单

下面以文件为单位给出相应参考程序。

1. 头文件 Ring.h

```
#if !defined(RING_H)
#define RING_H

#include <iostream>
#include <fstream>
using namespace std;

//结构 person
struct person
{
    int code;
    char name[10];
    person *next;
};

//类 Ring
class Ring
{
  private:
    person *pBegin;            //指向循环链表的表头
    person *pCurrent;          //用来循环，当前结点指针
    person *pTmp;              //作为链表哨兵使用

  public:
    Ring(int n);               //构造函数，用来创建循环链表
    void Countx(int m);        //按规定间隔计数
    void Display();            //显示创建的链表内容
    void Dispx();              //显示出圈者的信息
    void Clsx();               //将出圈者从循环链表中删除
    ~Ring();                   //释放内存
};
//类 Jose
class Jose
{
```

```
    private:
        int number;                         //参加游戏的人数
        int interval;                       //计数间隔

    public:
        Jose(int=0, int=0);                 //默认参数形式
        int GetNum();                       //返回参加游戏的人数
        void Initial();                     //接收游戏人数和计数间隔
        void  Find();                       //求解并输出结果
};

#endif
```

2. Ring.cpp

```
#include "Ring.h"
//构造函数
Ring::Ring(int n)
{
     char s[10];
     pBegin=new person[n];              //申请动态内存
     pCurrent=pBegin;
    //建立循环链表
     for(int i=1; i<=n; i++, pCurrent=pCurrent->next)
     {
       pCurrent->next=pBegin+i%n;  //将结点链接起来
       pCurrent->code=i;                //参加游戏者的编号
       cout<<" 输入第 "<<i<<" 个人的名字 :";
       gets(s);
       strcpy(pCurrent->name,s);    //游戏者的名字
     }
    pCurrent=&pBegin[n-1];             //当前游戏者在最后一个编号
}

//计数间隔函数
void Ring::Countx(int m)
{
      for(int i=0; i<m; i++)
      {
           pTmp=pCurrent;
           pCurrent=pTmp->next;
      }
}

//显示当前出圈者函数
void Ring::Dispx()
{
    cout<<pCurrent->code<<" "<<pCurrent->name<<endl;
}

//显示全部参加游戏者的函数
void Ring::Display()
{
        person *p=pCurrent;
        do{
             Dispx();
             pCurrent=pCurrent->next;
        }while(p!=pCurrent);
}

//将出圈者从循环链表中摘除
void Ring::Clsx()
```

```
{
    //摘除操作
    pTmp->next=pCurrent->next;
    pCurrent=pTmp;
}

//析构函数，释放动态数组空间
Ring::~Ring()
{ delete []pBegin;}

//构造函数
Jose::Jose(int n, int m):number(n),interval(m)
{}

//初始化参加人数和间隔
void Jose::Initial()
{
        cout<<"输入参加游戏的人数：";
        cin>>number;
        cout<<"输入间隔数：";
        cin>>interval;
        getchar();                        //消除抖动
}

//求解函数
void Jose::Find()
{
        Ring psn(number);                 //构造游戏对象

        cout<<"游戏结果如下："<<endl;
        for(int i=0;i<number;i++)         //循环求解
        {
           psn.Countx(interval);          //计数间隔
           psn.Dispx();                   //输出出圈者
           psn.Clsx();                    //摘除出圈者
        }
}

//返回参加游戏人数
int Jose::GetNum()
{return number;}
```

3. main.cpp

```
//预处理
#include "Ring.h"
#include "Jose.h"

//主函数
int main( )
{
    Jose game;                            //创建游戏对象
    game.Initial();                       //调用菜单处理函数，供用户选择
    game.Find();
    return 0;
}
```

3.4.5　运行示例

编译正确，即可运行程序。运行示例如下：

```
输入参加游戏的人数：8
输入间隔数：3
输入第1个人的名字：张一凡
输入第2个人的名字：王二
输入第3个人的名字：李光明
输入第4个人的名字：李四海
输入第5个人的名字：王老五
输入第6个人的名字：李六顺
输入第7个人的名字：张七星
输入第8个人的名字：洋八海
游戏结果如下：
3 李光明
6 李六顺
1 张一凡
5 王老五
2 王二
8 洋八海
4 李四海
7 张七星
```

3.5 评价标准

本章课程设计的目的是熟悉循环链表，并且留下许多可以改进的地方。要求对这个程序进行充分测试，以便加深对软件工程的认识。

只有在完成本设计的基础上，又进行必要的测试，才可获得85分以上的成绩。如果能进一步修改程序以获得更好的结果，则可以考虑给予加分。对增加功能者，可以给予高分。

如果程序不正确或错误较多，则不予及格。

第4章 栈和队列

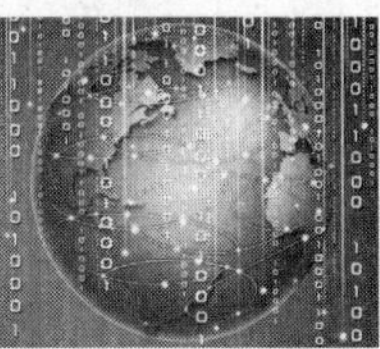

栈和队列又称为运算受限的线性表，它们被广泛地应用于各种程序设计问题中。本章的主要目的是使读者深入了解栈和队列的特性，以便在解决实际问题中灵活运用它们，同时加深对这种结构的理解和认识。

本课程设计共有两个实验题，一个是经典的八皇后问题，另一个则是计算机编译系统课程研究的最基本的问题之一——表达式求值问题。

4.1 本章重点

本章重点是顺序栈、链栈、循环队列及链队列的存储结构及其基本运算，要求能够熟练地掌握这些知识。另外，栈和队列的逻辑结构和线性表相同，只是其运算规则较线性表有更多的限制（故称它们为运算受限的线性表），利用栈或队列的算法设计来解决实际应用问题，也是本章课程设计要求掌握的重点。

基本运算的设计方法并不唯一，学习时不要只认准一种方法，而是应该注意比较各种方法的特点及区分顺序和链式存储结构的异同，熟练掌握申请和使用动态内存的方法。

1. 栈

类模板不能重载，也不能使用虚成员函数，但可以使用友元。在第 2 章介绍了模板函数专门化，类模板也可以像函数模板那样进行专门化，其专门化也是使用前缀 template <>。

下面以一个栈类模板为例，说明专门化和使用的方法。当要产生 int 或 double 类型的模板类时，使用类模板 Stack 进行实例化。当使用字符串栈时，使用 Stack 的专门化。

【例 4.1】定义一个类模板 Stack 并使用专门化进行演示。

```
#include <iostream>
using namespace std;
template <class T>                                                  //声名类模板
class Stack{
        int counter;
        int max;
        T *num;
    public:
        Stack(int a):counter(0),max(a),num(new T[a]){}
        bool isEmpty()const{return counter==0;}                     //判断栈是否为空
        bool isFull()const{return counter==max;}                    //判断栈是否为满
        int count()const{return counter;}                           //返回栈中数据的个数
        bool push(const T&data){                                    //将数据压进栈
           if(isFull())return false;
           num[counter++]=data;
           return true;
        }
        bool pop(T&data){                                           //将数据从栈中弹出并存入 data 中
           if(isEmpty())return false;
           data=num[--counter];
           return true;
```

```
        }
        const T&top()const{return num[counter-1];}          //取栈顶数据，但并不出栈
        ~Stack(){delete[]num;}
};
//专门化
template <>                                                   //专门化前缀
class Stack<char *>{
        int counter;
        int max;
        char**num;
    public:
        Stack(int a):counter(0),max(a),num(new char*[a]){}
        bool isEmpty()const{return counter==0;}
        bool isFull()const{return counter==max;}
        int count()const{return counter;}
        bool push(const char*data){
          if(isFull())return false;
          num[counter]=new char[strlen(data)+1];
          strcpy(num[counter++],data);
          return true;
        }
        bool pop(char data[]){
          if(isEmpty())return false;
          strcpy(data, num[--counter]);
          delete []num[counter];
          return true;
        }
        const char *&top()const{return num[counter-1];}
        ~Stack(){
          while(counter)delete[]num[--counter];
          delete[]num;
        }
};
void main()
{
      Stack<int>st(8);                                        //整数栈 st
      int i=0;
      while(!st.isFull()){                                    //建栈操作
         st.push(10+i++);                                     //将数据压入栈
         cout<<st.top()<<" ";                                 //显示栈顶数据
      }
      cout<<endl;
      int data;
      while(!st.isEmpty()){                                   //出栈操作
         st.pop(data);                                        //弹出栈
         cout<<data<<" ";                                     //显示出栈数据
      }
      cout<<endl;
      Stack<double>st1(8);                                    //建立 double 型栈 st1
      i=0;
      while(!st1.isFull()){
         st1.push(0.5+i++);
         cout<<st1.top()<<" ";
      }
      cout<<endl;
      double data1;
      while(!st1.isEmpty()){
         st1.pop(data1);
         cout<<data1<<" ";
      }
      cout<<endl;
```

```
        char*str[]={"1st","2nd","3rd","4th","5th","6th","7th","8th"};
        Stack<char *>st2(8);                    //建立字符串型栈 st2
        i=0;
        while(st2.push(str[i++]))cout<<st2.top()<<" ";
        cout<<endl;
        char strdata[8];
        while(st2.pop(strdata))cout<<strdata<<" ";
        cout<<endl;
}
```

程序运行结果如下：

```
10 11 12 13 14 15 16 17
17 16 15 14 13 12 11 10
0.5 1.5 2.5 3.5 4.5 5.5 6.5 7.5
7.5 6.5 5.5 4.5 3.5 2.5 1.5 0.5
1st 2nd 3rd 4th 5th 6th 7th 8th
8th 7th 6th 5th 4th 3rd 2nd 1st
```

其实，栈的基本运算有如下 6 种：

1）置空栈 InitStack（S）：构造一个空栈。

2）判栈空 StackEmpty（S）：若 S 为空栈，则返回 TRUE，否则返回 FALSE。

3）判栈满 StackFull（S）：若 S 为满栈，则返回 TRUE，否则返回 FALSE。

4）进栈（入栈）Push（S，x）：若栈 S 不满，则将元素 x 插入栈 S 的栈顶。

5）退栈（出栈）Pop（S）：若栈 S 为非空，则将栈顶元素删除，并返回该元素。

6）取栈顶元素 GetTop（S）：若栈 S 为非空，则返回栈顶元素，但不改变栈顶指针。

可以根据实际需要增减运算的种类，而且实现运算的方法也不唯一。可以和教材中定义成员函数的方法进行比较。例如，可以比较 push 和 pop 函数的定义和使用方法，以便加深对它们的理解。

2. 栈的链式存储

为了克服由顺序存储分配固定空间所产生的溢出和空间浪费问题，可以采用链式存储结构来存储栈。栈的链式存储结构称为链栈。它是运算受限的单链表，其插入和删除操作仅限制在表头位置（栈顶）上进行，因此不必设置头结点，将单链表的头指针 head 改为栈顶指针 top 即可。因此，链栈的类型定义如下：

```
typedef struct stacknode {
    DataType data;
    struct stacknode * next;
 }StackNode, * LinkStack;
LinkStack top;
```

3. 队列的逻辑定义和基本运算

队列也是一种运算受限的线性表。它只允许在表的一端进行插入，而在另一端进行删除。允许删除的一端称为队头，允许插入的一端称为队尾。

队列同现实生活中购物排队相仿，新来的成员总是加入队尾，每次离开的成员总是队头上的。换言之，先进入队列的成员总是先离开队列。因此，队列亦称作先进先出（First In First Out）的线性表，简称为 FIFO 表。

当队列中没有元素时称为空队列。在空队列中依次加入元素 $a_1, a_2, \cdots, a_n$ 之后，a_1 是队头元素，a_n 是队尾元素。显然退出队列的次序也只能是 $a_1, a_2, \cdots, a_n$，也就是说，队列的修改是依先进先出的原则进行的。

同栈的运算类似，队列有 5 种基本运算，不同的是删除运算是在表的头部（即队头）进行。

1）置空队列 InitQueue（Q）：构造一个空队列。

2）判队空 QueueEmpty（Q）：若队列 Q 为空，则返回 TURE，否则返回 NULL。

3）入队 EnQueue（Q，x）：若队列 Q 不满，则在队列 Q 的队尾插入元素 x。

4）出队 DeQueue（Q）：若队列非空，则删除 Q 的队头元素（结点），并返回该元素。

5）取队头 QueueFront（Q）：若队列为非空，则返回 Q 的队头元素（结点）。

4. 链队列

队列的链式存储结构简称为链队列，它是一个限制仅在表头删除和表尾插入的单链表。显然仅有单链表的头指针不便于在表尾做插入操作，为此再增加一个尾指针，指向链表上的最后一个结点。于是，一个链队列由一个头指针和一个尾指针唯一确定。和顺序队列类似，也是将这两个指针封装在一起，将链队列的类型 LinkQueue 定义为一个结构类型：

```
typedef struct qnode {
    DataType data;
    struct qnode * next;
} QueueNode;//链队列结点类型
typedef struct {
    QueueNode * front;// 队头指针
    QueueNode * rear;// 队尾指针
} LinkQueue; // 链队列类型
```

队列一般是不带头结点的。和单链表类似，为了简化边界条件的处理，在队头结点之前附加一个头结点，并设队头指针指向此结点。空链队列和非空链队列的结构如图 4-1 所示，使用中要注意队列的队头结点和头结点的区别。

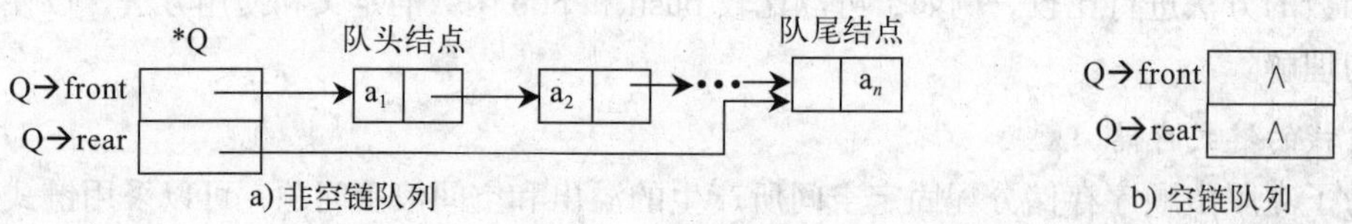

图 4-1　非空链队列和空链队列示意图

4.2　本章难点

1. 多栈共享存储空间

在使用多个栈的时候，往往会出现这样的情况，即其中一个栈发生溢出，而其余栈尚有很多空间。因此，需要解决多个栈如何共享存储空间的问题。设可用空间为 v[0..m–1]。比如，两个栈共享存储空间如图 4-2 所示。

设存储结构定义如下：

```
typedef struct {
    DataType data[m];
    int top,bot;
}DuStack;
```

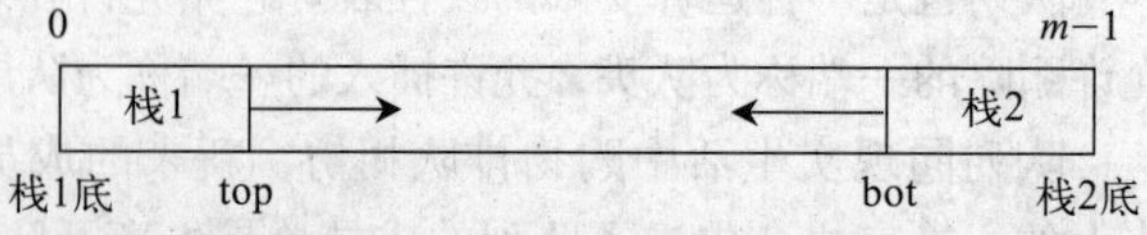

0　m−1
栈1　栈2
栈1底　top　bot　栈2底

图 4-2　两个栈共享存储空间

基本思想是：在事先无法估算每个栈的最大容量时，首先将 m 个存储空间分配给两个栈，其中一个栈顶指针 top 从 0 开始递增，而另一个指针 bot 则从 m–1 开始递减，这样就对整个空间实现了共享。

2. 顺序循环队列

队列的顺序存储结构称为顺序队列，顺序队列实际上是运算受限的顺序表，和顺序表一样，顺序队列也必须用一个向量空间来存放当前队列中的元素。由于队列的队头和队尾的位置是变化的，因而要设置两个指针 front 和 rear 分别指示队头元素和队尾元素在向量空间中的位置，它们的初值在队列初始化时均应置 0。入队时将新元素插入 rear 所指的位置，然后将 rear 加 1。出队时删去 front 所指的元素，然后将 front 加 1 并返回被删除元素。由此可见，当头尾指针相等时队列为空。在非空队列里，头指针始终指向队头元素，而尾指针始终指向队尾元素的下一位置。

为了充分利用数组空间，克服上溢，可将数组空间想象为一个环状空间，并将这种环状数组表示的队列称为循环队列。在这种循环队列中进行入队、出队运算时，头尾指针仍然需要加 1，只不过当头尾指针指向数组上界（QueueSize–1）时，其加 1 运算的结果是指向数组下界 0。这种循环意义上的加 1 运算可描述为：

```
if(i+1==QueueSize)//i 表示 Q.rear 或 Q.front
    i=0;
else
    i=i+1;
```

利用求余（%）运算可以将上述操作简化为：

```
i=(i+1)% QueueSize;
```

显然，由于循环队列中出队元素的空间可被重新利用，除非向量空间真的被队列元素全部占用，否则不会溢出，因此真正实用的顺序队列是循环队列。在循环队列的运算中，要涉及一些边界条件的处理问题。如教材中图 4-9 所示的循环队列中，由于入队时的队尾指针 Q.rear 向前追赶队头指针 Q.front，出队时头指针向前追赶尾指针，因此，队列无论是空还是满，Q.rear==Q.front 都成立，由此可见，仅凭队列的头尾指针是否相等是无法判断队列是“空”还是“满”的。解决这个问题有多种方法，常用的一般有 3 种：其一是另设一个标志位以区别队列是“空”还是“满”；其二是设置一个计数器记录队列中的元素个数；其三是少用一个元素空间，约定入队前测试尾指针在循环意义下加 1 后是否等于头指针，若相等则认为队列满，即尾指针 Q.rear 所指向的单元始终为空，出队时测试队头指针是否等于队尾指针，若相等则认为队空。

采用第 3 种方法来定义循环队列的操作，为此，先给出循环队列的类型定义如下：

```
typedef struct {
    int front;    //队头指针，始终指向空单元，下一个单元为队头元素
    int rear;     //队尾指针，始终指向队尾元素
    DataType data[QueueSize];
}CirQueue;
```

3. 循环链队列的运算

假设用一个带头结点的单循环链表表示队列（称为循环队列），该队列只设一个指向队尾结点的指针 rear，不设头指针，试编写相应的置空队列、入队（即插入）和出队（即删除）算法。循环链队列的结构如图 4-3 所示。

按题目的已知条件和假设，该循环链队列的类型定义为：

```
typedef struct queuenode {
    DataType  data;
```

```
    struct  queuenode  * next ;
} QueueNode;
QueueNode  * rear ;
```

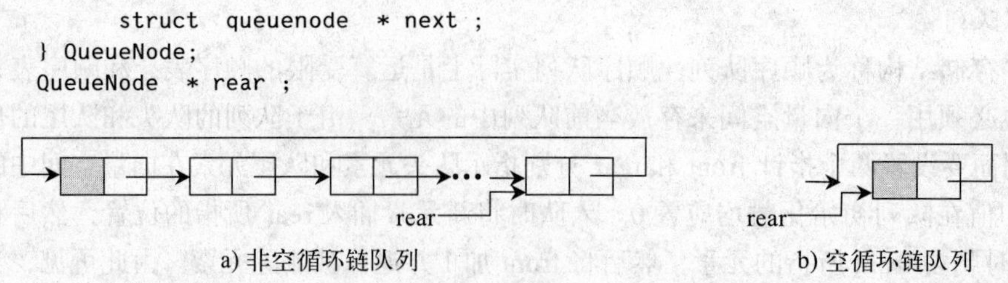

图 4-3　循环链队列示意图

为了进一步理解和掌握循环链队列概念，也为后面算法分析的需要，在这里分别介绍置空队列、入队和出队运算的算法描述。

1）置空队列：因为是带头结点，所以置空队列要首先生成一个结点作为头结点，使尾指针指向它，因此其算法如下（生成的队列结构如图 4-3b 所示）：

```
void InitQueue(QueueNode * rear)
{// 只设尾指针的循环链队列置空算法
    rear=(QueueNode *)malloc(sizeof(QueueNode));
    rear->next=rear;
}
```

2）入队运算：在队列中插入一个结点是在队尾进行的，所以应在循环链队列的尾部插入一个结点，插入的过程是：首先生成一个新结点 s，因为链表带头结点，所以队空与否对插入没有影响，接下来，将尾指针域值赋给新结点的指针域（即 s->next=rear->next），把新结点指针 s 赋给原尾指针 rear 的指针域（即 rear->next=s），再把 s 赋给 rear（即 rear=s）。因此，入队算法如下：

```
void  EnQueue(QueueNode  * rear, DataType x)
{
   QueueNode * s=(QueueNode *)malloc(sizeof(QueueNode));// 申请新结点
   s->data=x;
   s->next=rear->next;
   rear->next=s;
   rear=s;
}
```

3）出队运算：在队列中删除一个结点，首先要判断队列是否为空，若不为空，则可进行删除操作，否则显示出错。删除的思想是将原头结点删掉，把队头结点作为新的头结点，具体实现算法如下（要特别注意头结点和队头结点的区别）：

```
DateType DelQueue(QueueNode  * rear)
{   QueueNode  *s,*t;
    DtatType  x;
    if(QueueEmpty(rear))
      Error("Queue Empty");
    else {
      s=rear->next;              //s 指向头结点
      rear->next=s->next;        // 删除头结点
      t=s->next;                 // 使 t 指向队头结点
      x=t->data;                 // 保存队头结点的数据域值
      free(s);                   // 释放被删除的头结点
      return x;                  // 返回删除的数据
   }
}
```

4.3 栈和队列的特点

本章涉及的概念较多，考核的内容约占本门课程的 10% 左右。特别是栈，相对于队列而言，栈的概念占的比例更大一些。因此，必须掌握本章的相关内容。下面通过例题来分析解题的思路，加深对考核知识的理解。

4.3.1 栈的特点

栈的重要特点就是操作按后进先出（List In First Out）的顺序进行，有时将其称为后进先出表（或 LIFO 表）。其插入和删除都在表的一端（称为栈顶）。

4.3.2 循环队列的特点

循环队列的特点是把其存储空间看成一个环形的表，将尾指针从后面追赶上头指针看作队满，即把尾指针加 1 后模队列最大空间（(Q.rear+1)% QueueSize）与队头指针（Q.front）比较，相等为队满，此时，队列中实际上尚留一个空单元，而尾指针指向的始终是空单元。另外，在这里要特别注意入队或出队时队头和队尾指针的加 1 操作：Q.rear=(Q.rear+1)% QueueSize 或 Q.front=(Q.front+1)% QueueSize。

【例 4.2】假设 Q 是一个具有 11 个元素存储空间的循环队列，它的初始状态为 Q.front=Q.rear=0，写出做下列操作后头、尾指针的变化情况，若不能入队，请指出其元素，并说明理由。

d,e,b,g,h 入队；　d,e 出队；　i,j,k,l,m 入队；　b 出队；　n,o,p,q,r 入队。

【分析】本题中入队和出队的变化情况是这样的：当元素 d,e,b,g,h 入队后，Q.rear=5，Q.front=0；元素 d,e 出队，Q.rear=5,Q.front=2；元素 i,j,k,l,m 入队后，Q.rear=10, Q.front=2；元素 b 出队后，Q.rear=10,Q.front=3；此时让 n,o,p,q,r 入队，由于 Q.rear=2,Q.front=3, 当 q 入队时，(Q.rear+1)% QueueSize=Q.front，故队列满将产生溢出。

4.4 八皇后问题实验解答

八皇后问题是在 8×8 的国际象棋棋盘上安放 8 个皇后，要求没有一个皇后能够“吃掉”任何其他一个皇后，即没有两个或两个以上的皇后占据棋盘上的同一行、同一列或同一条对角线。

在实际应用中，有相当一类问题需要找出它的解集合，或者要求找出某些约束条件下的最优解。求解时经常使用一种称为回溯的方法来解决，所谓回溯就是走回头路，该方法是在一定的约束条件下试探地搜索前进，若前进中受阻，则回头另择通路继续搜索。为了能够沿着原路逆序回退，需用栈来保存曾经到达的每一个状态，栈顶的状态即为回退的第一站，因此回溯法可利用栈来实现。而解决八皇后问题就是利用回溯法和栈来实现的。

4.4.1 设计思想

八皇后在棋盘上分布的各种可能的格局数目非常大，约等于 2^{32} 种，但是，可以将一些明显不满足问题要求的格局排除掉。由于任意两个皇后不能同行，即每一行只能放置一个皇后，因此将第 i 个皇后放置在第 i 行上。这样在放置第 i 个皇后时，只需考虑它与前 i–1 个皇后处于不同列和不同对角线位置上即可。因此，算法的基本思想如下：

从第 1 行起逐行放置皇后，每放置一个皇后均需要依次对第 1,2,⋯,8 列进行试探，并尽可能取小的列数。若当前试探的列位置是安全的，即不与已放置的其他皇后冲突，则将该行的列位置保存在栈中，然后继续在下一行上寻找安全位置；若当前试探的列位置不安全，则用下一列进行试探，当8列位置试探完毕都未找到安全位置时，就退栈回溯到上一行，修改栈顶保存的皇后位置，然后继续试探。

该算法抽象地描述如下：

```
置当前行当前列均为 1;
while( 当前行号≤8)
{  检查当前行，从当前列起逐列试探，寻找安全列号；
   if ( 找到安全列号 )
     放置皇后，将列号记入栈中，并将下一行置成当前行，第 1 列置为当前列；
   else
     退栈回溯到上一行，移去该行已放置的皇后，以该皇后所在列的下一列作为当前列；
}
```

4.4.2 算法设计

首先设计一个类 eightqueen，利用类的成员函数 Find 求解。成员函数 Find 就是要对上述抽象算法进行逐步求精。首先需要确定相应的存储结构和有关的数据类型。当前行和列分别用 i 和 j 表示；用类的数据成员即数组 s[1..8] 表示顺序栈，栈空间的下标值表示皇后所在的行号，栈的内容是皇后所在的列号。例如，若皇后放在位置（i,j）上，则将 j 压入栈中，即 s[i]=j。为了便于检查皇后之间是否冲突，增加 3 个布尔数组（初始值为真），将与检查有关的信息事先保存下来。也就是使用 4 个数组作为数据成员。可以设计如下的类来求出一个解：

```
class eightqueen{
    private:
        int a[9], b[17], c[17];
        int s[9];
    public:
        void print( );             //输出结果
        void Find( );              //求一个解
};
```

其中，a[j] 为真（1）时，表示第 j 列上无皇后。位于同一条“／”方向的对角线上的诸方格，其行、列坐标之和 i+j 是相等的，这种方向的对角线有 15 条，其行、列坐标之和分别为 2 至 16，因此用 b[2..16] 标记该方向的诸对角线上有无皇后，b[k] 为真时表示该方向的第 k 条对角线上无皇后。行、列坐标之差 i–j 相等的诸方格在同一条“＼”方向的对角线上，该类对角线有 15 条，其行、列坐标之差分别是 –7 到 7，因为 C 语言数组下标从 0 开始，所以用 c[2..16] 标记这种方向的诸对角线上有无皇后，c[k]（其中 k=i–j+9, 使其取值范围为 2 到 16）为真时表示该方向的第 k 条对角线上无皇后。这样，b[i+j] 和 c[i–j+9] 的真假就分别表示通过位置（i,j）的两条对角线上有无皇后。因此，位置（i,j）的“安全”性可用逻辑表达式

```
a[j] && b[i+j] && c[i-j+9]
```

来表示。在位置（i,j）上放置皇后后，相当于将 a[j]、b[i+j] 和 c[i–j+9] 置为假；移去（i,j）上的皇后，相当于将 a[j]、b[i+j] 和 c[i–j+9] 置为真。

下面给出求一个解的算法。

```
//sy.cpp
#include<iostream>
using namespace std;
//声明类
```

```
class eightqueen
{
    private:
        int a[9], b[17], c[17];
        int s[9];
    public:
        void print( );
        void Find( );
};
//定义成员函数
//输出一个解的成员函数
void eightqueen::print( )
{
    int k;
    cout<<"\n 行号:    1    2    3    4    5    6    7    8\n";
    cout<<" 列号: ";
    for(k=1; k<=8; k++){
        cout.width(4);
        cout<<s[k];
    }
}
//求解八皇后的成员函数
void eightqueen::Find( )
{
      int i,j;
      for(i=2; i<=16; i++){
         if(i>=2 && i<=9)a[i-1]=true;
         b[i]=true; c[i]=true;
      }
      i=1; j=1;
      while(i<=8){
         while(j<=8){                    //在当前行 i 上寻找安全位置
            if(a[j] && b[i+j] && c[i-j+9])
                 break;
            j++;
         }
         if(j<=8){                       //找到安全位置(i,j)
            a[j]=false;
            b[i+j]=false;
            c[i-j+9]=false;
            s[i]=j;                      //皇后位置 j 入栈
            i++;j=1;                     //准备放置下一个皇后
         }
         else {
            i--; j=s[i];                 //退栈，回溯到上一行
            a[j]=true;  b[i+j]=true;  c[i-j+9]=true;
            j++;                         //修改栈顶皇后的位置
         }
      }
}
//主程序
void main( )
{
    eightqueen game;
    game.Find();                  //调用求解八皇后问题
    game.print();
}
```

程序运行结果如下：

```
行号:   1    2    3    4    5    6    7    8
列号:   1    5    8    6    3    7    2    4
```

图 4-4 给出这个解的示意图。

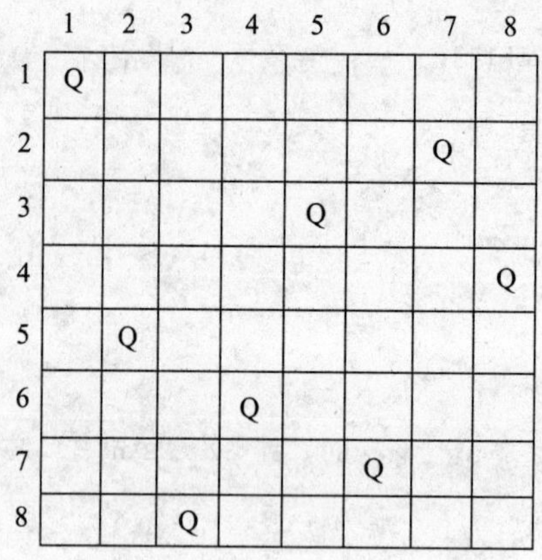

图 4-4　八皇后问题的一个解

4.4.3 算法扩充

在上面的算法中，仅求出了八皇后问题的一个解，要求出所有满足约束条件的解，就要对上述算法进行扩充和修改。要解决这个问题，关键在于以下两个问题：

1）如何从问题的一个解出发求出下一个解。

2）如何确定所有的问题解都已求出。

因此，可对算法 Find 进行修改，使其求得一个解后，算法并不终止，而是输出这个解，然后退栈回溯，继续寻找下一个解，一旦当前行是第 1 行又仍需要退栈回溯时，算法终止。

4.4.4 完整的算法实现

要想实现以上算法，还需增加一个用来移去皇后的成员函数 movequeen。此外，这里修改输出成员函数 print，增加输出解的序号的功能。

将类的声明和定义设计在 shiyan4.h 里，主程序在 shiyan4.cpp 中。

```
//shiyan4.h
#include<iostream>
using namespace std;
class eightqueen
{
      private:
        int a[9], b[17], c[17];
        int s[9];
      public:
        void print( );
        void movequeen( int,int);
        void Find( );
};
//定义成员函数
//输出一个解的成员函数print
void eightqueen::print( )
{
   int k;
   static int num=0;
   cout<<"\n行号:   1   2   3   4   5   6   7   8\n";
   cout<<"列号: ";
```

```
    for(k=1; k<=8; k++){
      cout.width(4);
      cout<<s[k];
    }
    num=num+1;
    cout<<"// 解 "<<num<<endl;
}
//移去位置(i,j)上的皇后成员函数movequeen
void eightqueen::movequeen(int i, int j)
{
    a[j]=1; b[i+j]=1; c[i-j+9]=1;
}
//求解八皇后的成员函数Find
void eightqueen::Find( )
{

     int i,j;
     for(i=2; i<=16; i++){
        if(i>=2 && i<=9)a[i-1]=true;
        b[i]=true; c[i]=true;
     }
     i=1; j=1;
     while(i>=1){                                   //当i=0时终止循环
           while(j<=8){                             //在当前行i上寻找安全位置
                if(a[j] && b[i+j] && c[i-j+9])
                  break;
                j++;
           }
           if(j<=8){                                //找到安全位置(i,j)
                a[j]=false;
                b[i+j]=false;
                c[i-j+9]=false;
                s[i]=j;                             //皇后位置j入栈
                if(i==8){                           //找到一个解，输出解
                      print();                      //输出一个解
                      movequeen(i,j);               //移去位置(i,j)上的皇后
                      i--; j=s[i];                  //退栈，回溯到上一个皇后
                      movequeen(i,j);               //移去位置(i,j)上的皇后
                      j++;                          //修改栈顶皇后的位置
                }
                else {
                      i++;j=1;                      //准备放置下一个皇后
                }
           }
           else {
                i--;                                //退栈
                if(i>=1){                           //栈不空，移去皇后
                     j=s[i];
                     movequeen(i,j);                //移去皇后
                     j++;
                }

           }

     }
}

// shiyan4.cpp
#include "shiyan4.h"
//求八皇后问题所有解的主程序
void main( )
{
   eightqueen game;
```

```
    game.Find();  //调用求解八皇后问题
}
```

编译运行上述程序，即可求得八皇后问题的所有 92 个解，下面给出输出的前后各 3 个解的示意结果。

```
行号:   1   2   3   4   5   6   7   8
列号:   1   5   8   6   3   7   2   4          //解 1

行号:   1   2   3   4   5   6   7   8
列号:   1   6   8   3   7   4   2   5          //解 2

行号:   1   2   3   4   5   6   7   8
列号:   1   7   4   6   8   2   5   3          //解 3
       ...
行号:   1   2   3   4   5   6   7   8
列号:   8   2   5   3   1   7   4   6          //解 90

行号:   1   2   3   4   5   6   7   8
列号:   8   3   1   6   2   5   7   4          //解 91

行号:   1   2   3   4   5   6   7   8
列号:   8   4   1   3   6   2   7   5          //解 92
```

4.5 模拟后缀表达式的计算过程课程设计

本课程设计的任务是定义一个计算器模板类，模拟后缀表达式的计算过程。

4.5.1 设计思想

假设对整数进行四则运算，下式

32*（6-15）+35

就是一个表达式。在这个表达式中，所有运算符都出现在它的两个运算符中间，所以称为“中缀表达式”。由表达方法可见，这种表达式需要使用括号。

处理系统通常需要将这个表达式转换成不需要括号的表达方法，上面的等价表达为

32 6 15 – * 35 +

这种表达方式称为“后缀表达式”，它不再需要括号，每个运算符都出现在它的两个运算符分量的后面。

使用一个存放运算符分量的栈，求值过程顺序扫描后缀表达式，每次遇到运算分量便将它压入栈，遇到运算符则从栈中弹出两个整数（运算分量）进行计算，然后再把结果压入栈。这样，等到扫描结束时，留在栈顶的整数就是所求表达式的值。

实际上，后缀表达式求值时，与数据类型有关系，所以使用模板来实现。

计算器类 Calculator 使用 Stack 作为数据成员，即包含 Stack 类。

4.5.2 设计类

1. Stack 类

Stack 栈的数据类型是变化的，所以设计为模板类。这个 Stack 类应具有栈的性能，假设栈最长为 MaxStackSize，可以声明为如下形式：

```
template <class T>
```

```
class Stack
{
  private:
        T stacklist[MaxStackSize];        //栈最大尺寸
        int top;
  public:
        Stack();
        void Push(const T& item);         //压栈
        T Pop();                          //出栈
        void ClearStack();                //清空栈
        T Peek()const;                    //输出栈顶元素（计算结果）
        int StackEmpty()const;            //判断栈是否为空
        int StackFull()const;             //判断栈是否已满
};
```

2. Calculator 类

Calculator 类包含 Stack 类。

```
template <class T>
class Calculator
{
   private:
   //私有成员：计算器栈及操作数
        Stack<T> S;                             //存放操作数
        void Enter(T num);                      //在栈中存放数据值
        //从栈中取得操作数并赋值给形参
        bool GetTwoOperands(T& opnd1, T& opend2);
        void Compute(char op);                  //运算求值
   public:
        Calculator(){}
        void Run();                             //计算表达式值
        void Clear();                           //清空计算器
};
```

其中 Run 成员函数读入字符串，同时对后缀表达式求值，直到读入 '=' 时停止。

```
template <class T>
void Calculator<T>::Run()
{
        char c;
        T newoperand;
        while (cin>>c, c != '=')
        {
            switch(c)
            {
               case '+':
               case '-':
               case '*':
               case '/':
               case '^':
                    Compute(c);
                    break;
               default:
               //非运算符，则必为操作数，将字符送回
                    cin.putback(c);
               //读入操作数并将其存入栈中
                    cin>>newoperand;
                    Enter(newoperand);
                    break;
            }
        }
```

```
        //答案已在栈顶，用 Peek 输出之
        if(!S.StackEmpty())
            cout<<S.Peek()<<endl;
}
```

3. 主程序

主程序根据数据类型使用相应模板参数，先假设数据类型为 double。

```
int main()
{
        Calculator<double> CALC;
        CALC.Run();
        return 0;
}
```

下面是假设数据类型为 int。

```
int main()
{
        Calculator<int> CALC;
        CALC.Run();
        return 0;
}
```

4.5.3 参考程序

以上用的都是用模板，所以声明和定义均在一个文件里。注意在类的外面定义成员函数时，必须重写模板声明。

1. Stack.h 文件

这是一个标准的栈模板程序。

```
#if !defined(STACK_H)
#define STACK_H

#include <iostream>
#include <stdlib.h>
using namespace std;
const int MaxStackSize=50;

template <class T>
class Stack
{
   private:
         T stacklist[MaxStackSize]; //栈最大尺寸
         int top;
   public:
         Stack();
         void Push(const T& item);   //压栈
         T Pop();                    //出栈
         void ClearStack();          //清空栈
         T Peek()const;              //输出栈顶元素（计算结果）
         int StackEmpty()const;      //判断栈是否为空
         int StackFull()const;       //判断栈是否已满
};
//构造函数，将 top 置 -1
template <class T>
Stack<T>::Stack(): top(-1){}

//压栈
```

```
template <class T>
void Stack<T>::Push(const T& item)
{
      if (StackFull())            //判别栈是否已满
      {
        cerr<<"Stack overflow!"<<endl;
        exit(1);
      }
      top++;
      stacklist[top]=item;      //不满则压栈
}

//出栈
template <class T>
T Stack<T>::Pop()
{
     T temp;
     if(StackEmpty())               //判别是否为空栈
     {
       cerr<<"Attempt to pop an empty stack!"<<endl;
       exit(1);
     }
     temp=stacklist[top];          //弹出
     top--;
     return temp;
}

//清栈
template <class T>
void Stack<T>::ClearStack()
{
     top=-1;
}

//返回栈顶元素
template <class T>
T Stack<T>::Peek()const
{
      if (top== -1)                //判别top是否有效
      {
        cerr<<"Attempt to peek at an empty stack!"<<endl;
        exit(1);
      }
      return stacklist[top];
}
//判别栈是否为空
template <class T>
int Stack<T>::StackEmpty()const
{
      return top== -1;
}
//判别栈是否已满
template <class T>
int Stack<T>::StackFull()const
{
      return top==MaxStackSize-1;
}

#endif
```

2. calculator.h 文件

这里定义一个计算器模板类，模拟后缀表达式的计算过程。

```
//calculator.h
#if !defined(CALCULATOR_H)
#define CALCUALATOR_H

#include "Stack.h"
#include <cmath>

template <class T>
class Calculator
{
   private:
            //私有成员：计算器栈及操作数
            Stack<T> S;                   //存放操作数
            void Enter(T num);            //在栈中存放数据值

   //从栈中取得操作数并赋值给形参
            bool GetTwoOperands(T& opnd1, T& opend2);
            void Compute(char op);   //运算求值
   public:

            Calculator(){}
            void Run(void);               //计算表达式值
            void Clear(void);             //清空计算器
};
//在栈中存放数据值
template <class T>
void Calculator<T>::Enter(T num)
{S.Push(num);}

//从栈中取得操作数并赋值给形参
//若操作数不够，则打印出错信息，并返回 false
template <class T>
bool Calculator<T>::GetTwoOperands(T& opend1, T& opend2)
{
       if (S.StackEmpty())
       {
           cerr<<"Missing operand!"<<endl;
           return false;
       }
       opend1=S.Pop();           //取右操作数
       if (S.StackEmpty())
       {
            cerr<<"Missing operand!"<<endl;
            return false;
       }
       opend2=S.Pop();           //取左操作数
       return true;
}

//运算求值
template <class T>
void Calculator<T>::Compute(char op)
{
       bool result;
       T operand1; T operand2;
      //取两个操作数，并判断是否成功取到
       result=GetTwoOperands(operand1, operand2);
      //若成功取到，则计算本次运算值，否则将栈清空。注意被 0 除
```

```
    if (result==true)
      switch(op)
      {
          case '+':
                 S.Push(operand2+operand1);
             break;
          case '-':
                 S.Push(operand2-operand1);
             break;
          case '*':
                 S.Push(operand2*operand1);
               break;
          case '/':
                 if(operand1==0)
                {
                    cerr<<"Divide by 0!"<<endl;
                    S.ClearStack();
                }
                else
                    S.Push(operand2/operand1);
                break;
            case '^':
                    S.Push(pow(operand2, operand1));
                break;
      }
    else
      S.ClearStack();              //出错，清空计算器
}

//读入字符串，同时对后缀表达式求值，直到读入 '=' 时停止
template <class T>
void Calculator<T>::Run(void)
{
      char c;
      T newoperand;
      while (cin>>c, c != '=')
      {
          switch(c)
          {
               case '+':
               case '-':
               case '*':
               case '/':
               case '^':
                   Compute(c);
                   break;
               default:
               //非运算符，则必为操作数，将字符送回
               cin.putback(c);
               //读入操作数并将其存入栈中
               cin>>newoperand;
               Enter(newoperand);
               break;
          }
      }
      //答案已在栈顶，用 Peek 输出之
      if(!S.StackEmpty())
          cout<<S.Peek()<<endl;
}

//清除
```

```
template <class T>
void Calculator<T>::Clear()
{
        S.ClearStack();
}

#endif
```

3. main.cpp 文件

这个程序很简单，创建一个 Calculator 的对象，以便验证程序功能。

```
//main.cpp
//使用 double 类型数据验证实例
#include "calculator.h"
int main()
{
        Calculator<double> CALC;
        CALC.Run();
        return 0;
}
```

4.5.4 运行示例

下面是几组使用 double 数据类型的示范数据。

```
32 6 15 - * 35 +=
-253

4.5 4.5 * 4 34.5 * 6 * -2 4*/=
-100.969

35.56 54.23 +
42.12 +=
131.91
```

下面是使用 int 类型数据的验证示例。

```
#include "calculator.h"
int  main()
{
        Calculator<int> CALC;
        CALC.Run();
        return 0;
}
3 5 *
8*
102+
=
222
```

4.6 评价标准

本章课程设计的目的是进一步理解后缀表达式。

只有在完成本设计的基础上，又进行必要的测试，才可获得 85 分以上的成绩。如果能进一步修改程序以获得更好的结果，则可以考虑给予加分。对增加功能者，可以给予高分。

如果程序不正确或错误较多，则不予及格。

第5章 字 符 串

字符串是一种特殊的线性表，它的每个元素仅由一个字符组成。本章课程设计的目的是熟悉设计字符串类及文本单词检索的方法。

5.1 重点和难点

字符串是非数值处理中的主要对象，已经越来越广泛地应用于信息检索、文本编辑、符号处理等领域。因为在各种不同类型的应用中所处理的字符串有不同的特点，要想有效地实现字符串的处理，就必须熟悉串的存储结构及其基本运算。

本章的重点就是要熟练地掌握设计字符串类、字符串的存储表示和在字符串上实现模式匹配的算法。

本章的难点是链串及对字符串匹配算法和单词检索的处理方法。

5.1.1 字符串的概念

串（或字符串）是零个或多个字符组成的有限序列，一般记为 S= " $a_0a_1\cdots a_{n-1}$"，其中 S 是串名，双引号括起的字符序列是串值，a_i（$0 \leqslant i \leqslant n-1$）可以是字母、数字或其他字符。串中所包含的字符个数称为该串的长度。长度为零的串称为空串，它不包含任何字符。

通常将仅由一个或多个空格组成的串称为空白串。串中任意个连续字符组成的子序列称为该串的子串，包含子串的串相应地称为主串。

串操作可在 C++ 语言的头文件 string.h 中查找或调用。可以用一个抽象数据类型来说明串，下面的抽象数据类型给出了实例及相关操作的描述。

```
ADT String{
    数据对象及其关系
        0个或多个字符的集合，最大长度
    数据的基本操作
        CreateString(),              创建一个空字符串
        DeleteString(),              删除释放一个串
        StringLength(),              求串长度
        StringCopy(t),               串拷贝（复制）
        bool StringCompare(s,t),     串比较
        StringConnect(t),            串连接
        int index(t),                子串定位
        SubString(s,l),              取子串
}//ADT String
```

串是一种特殊的线性表，它的每个结点一般情况下仅由一个字符组成，因此存储串的方法也就是存储线性表的一般方法，即顺序存储（把串的字符顺序地存入连续的存储单元中）和链式存储（用单链表形式存储串）。

5.1.2 顺序串

串的顺序存储结构简称为顺序串。与顺序表类似，顺序串是用一组地址连续的存储单元来存储串中的字符序列，因此可用高级语言的字符数组来实现。按其存储分配的不同，可将顺序串分为如下两类。

1. 静态存储分配的顺序串

如果选择结构作为数据类型，则在用字符数组存储字符串时，可用一个整数来表示串的长度，那么该长度减 1 的位置是串值的最后一个字符的位置。此时顺序串的类型定义完全和顺序表类似。

```
#define MaxStrSize  256  //定义串的最大长度
typedef struct {
    char ch[MaxStrSize];
    int length;
} SeqString;
```

这种表示方法的优点是涉及串长的操作速度快，用它来定义类的数据成员即可。其实，在类的定义中包括求串长度的成员函数，所以只要定义数组即可。详细的方法见后面的设计实例。

2. 动态存储分配的顺序串

用字符数组来存储字符串，串值空间的大小 MaxStrSise 是固定的（即静态的），这种定长的串值空间难以适应插入、链接等操作。因此，可以使用动态分配存储方式来定义串类的数据成员（如定义一个字符型指针 “char *str;”）。

5.1.3 链串

顺序串上的插入和删除操作不方便，需要移动大量的字符。因此，可用单链表方式来存储串值，串的这种链式存储结构简称为链串。可以定义如下结构：

```
typedef struct node {
    char data;
    struct node * next;
} LinkStrNode;                        //结点类型
typedef LinkStrNode * LinkString;     //链串类型
LinkString  S;                        //串的头指针
```

一个链串由头指针唯一确定。这个类型定义与单链表的类型定义没有本质的区别，几乎是一样的。链串与单链表的差异仅在于其结点数据域指定为单个字符。这种存储结构便于插入和删除操作，但存储空间利用率太低。为了提高存储密度，可使每个结点存放多个字符。通常将结点数据域存放的字符个数定义为结点的大小。这样虽然提高了结点的存储密度，但在做插入、删除操作时，可能会引起大量的字符移动，给操作带来不便，所以，一般情况下采用前面定义的结点类型，用空间换时间。

对于类而言，使用上述结构定义一个类的数据成员即可。

5.1.4 串运算的实现

由于串是特殊的线性表，故顺序串和链串上实现的运算分别与顺序表和单链表上进行的操作类似，再加上 C++ 语言的串库 <string.h> 和 <csting> 里均提供了丰富的串函数来实现各种基本运算，因此这里对各种串运算的实现不做讨论（C++ 还为用户设计了 string 类，可以直接使用)。

本小节只是复习一下几个重要的概念和算法实现思想，并且不使用类，而是直接使用前面定义的 SeqString 结构。希望读者参考实验解答的方法，考虑如何设计相应的类并把它们作为成员函数实现。

这里先介绍一下子串定位运算的有关概念。子串定位运算是找子串在主串中首次出现的位置。子串定位运算又称串的模式匹配或串匹配，其应用非常广泛。例如，在文本编辑程序中，经常要查找某一特定单词在文本中出现的位置。显然，解决此问题的有效算法能极大地提高文本编辑程序的响应性能。在串匹配中，一般将主串称为目标（串)，子串称为模式（串)。

1. 模式匹配

对串 S='abbabaa'，T='aba'，画出以 T 为模式串、S 为主串的朴素模式匹配过程如下：

```
第一趟匹配：i从1开始，j也从1开始
        a b b a b a    i=3
        ‖ ‖ ‖                失败
        a b a          j=3
第二趟匹配：i回溯到从2开始，而j再从1开始
        a b b a b a    i=2
          ‖                  失败
          a            j=1
第三趟匹配：i从3开始，而j再从1开始
        a b b a b a    i=3
            ‖                失败
            a          j=1
第四趟匹配：i从4开始，而j再从1开始
        a b b a b a
              ‖ ‖ ‖          成功
              a b a
```

2. 子串的插入算法（利用静态数组存储串）

该算法的实现应该说是比较简单的，先移动主串中第 i 个位置及以后的字符，空出子串插入的空间，然后将子串中的字符逐个写入其中。

```
SeqString  insert(SeqString S, SeqString  S1, int i)
{
    int j;
    if(i>=S.length||S.length + S1.length>MaxStrSize)
        printf(" 插入位置越界 ");
     else
     {
         for(j=S.length-1;j>=i-1;j--)
             S.ch[S1.length+j]=S.ch[j];
             // 从第 i 个位置开始空出连续 S1.length 个位置
         for(j=0;j<S1.length;j++)
             S.ch[i+j-1]=S1.ch[j];// 把 S1 填入 S 中空出的位置上
          S.length=S.length+S1.length;// 修改 S 的串长度
     }
```

```
        return S;
    }
```

3. 动态存储串的比较

比较字符串 S 和 T 的大小, S>T 时返回值大于 0, S=T 时返回 0 值, S<T 时则返回值小于 0,采用动态结构存储串。

```
typedef char * String ;
int strcmp(String S, String T)
{
    while(*S==*T && *S!='\0' && *T!='\0' )
    { //当两串对应字符相等并且不是串结束时,循环比较
        S++;
        T++;
    }
    return (*S-*T);
}
```

4. 静态串的比较

试写一算法,实现顺序串(字符数组)的比较运算:当 S>T 时,函数值为 1 ;当 S=T 时,函数值为 0;当 S<T 时,函数值为 –1。

【分析】本题与动态存储串的算法设计要求类似,都是串比较,但是串的存储结构不同,本题要求用字符数组结构(静态)。总的思路是:先比较 S 和 T 两串的公共长度部分的对应字符,若 S 中的字符大于 T 中的字符,则返回 1 ;若前者的字符小于后者的字符,则返回 –1 ;相等时继续向后比较。当比较完公共长度部分的对应字符后,函数仍然没有返回,则说明两串在公共长度部分的对应字符均相等,因此只要比较两串的长度即可,若两串长度相等则返回 0 值,若 S 的长度大于 T 的长度,则返回 1,若 S 的长度小于 T 的长度,则返回 –1。实现本题功能的算法如下:

```
int strcmp(SeqString S, SeqString T)
{ //串比较,若 S>T,返回 1,若 S=T,返回 0,若 S<T,返回 -1
  int i=0;
   while(i<S.len && i<T.len)
   {
       if(S.ch[i]>T.ch[i])
          return 1;
       else
          if(S.ch[i]<T.ch[i])
             return Û1;
       i++;
   }
   if(S.len==T.len)
      return 0;
   else
      if(S.len>T.len)
         return 1;
      else
         return Û1;
}
```

5.2 串运算实例

【例 5.1】从串 s1(为顺序存储结构)中第 k 个字符起求出首次与字符串 s2 相同的子串的起始位置。

【分析】本题的算法思想是：从第 k 个元素开始扫描 s1，当其元素值与第一个元素的值相同时，判定它们之后的元素值是否依次相同，直到 s2 结束为止，若都相同则返回当前位置值，否则继续上述过程直至 s1 扫描完为止。其实现算法如下：

```
#define MaxStrSize  256                //定义串的最大长度
typedef struct {
  char ch[MaxStrSize];
  int len;                             //记录当前串长
} SeqString;                           //串类型定义
int  PartPosition(SeqString s1, SeqString  s2,  int k)
{
    int  i, j;
    i=k-1;                             //作为扫描 s1 的下标，下标从 0 开始
    j=0;                               //作为扫描 s2 的下标
    while (i<s1.len && j<s2.len)
       if (s1.ch[i]==s2.ch[j])
        {  i++; j++; }                 //继续使下标移向下一个字符位置
       else
        { i=i-j+1; j=0;}               //使 i 下标回溯到原位置的下一个位置，
                                       //使 j 指向 s2 的第一个字符，再重新比较
       if (j>=s2.len )
          return  i+1-s2.len;          //表示 s1 中存在 s2，返回其起始位置
       else
          return  0;                   //表示 s1 中不存在 s2，返回 0
 }
```

【例 5.2】从串 s 中删除所有与串 t 相同的子串。

【分析】这一题可利用例 5.1 的函数。其实现的过程为：从位置 1 开始函数 PartPosition ()，若找到了一个相同子串，则调用删除子串函数 DelSubstring () 将其删除，再查找后面位置的相同子串，方法与前面相同。其算法如下：

```
void  DelDupStr (SeqString  &s, SeqString t)
{
  int  j, k, i=0;
  while (i<s.len )
   {
       if ((k=PartPosition (s, t,i+1)-1)>0 )
       {
           for(j=k+t.len; j<s.len; j++)
               s.ch[j-t.len]=s.ch[j]; //删除从 k 开始的子串
           s.len=s.len-t.len;         //改变 s 串的长度
        }
       i ++;
    }
   s.ch[s.len]='\0';                  //赋一个串结束符
 }
```

【例 5.3】已知 S 和 T 是用结点大小为 1 的单链表存储的两个串，试设计一个算法找出 S 中第一个不在 T 中出现的字符。

【分析】根据题意，要用到两重循环，从 S 中取出第一个字符，与 T 串中的每个字符依次进行比较，如果一直没有遇到相同的字符，则 S 中取出的字符就是要求的字符，退出循环；若遇到相同的字符，则再从 S 中取出第二个字符与 T 中的字符进行比较……要特别注意，算法和程序是有区别的，算法不等于程序。比如要调试该算法程序，必须要在算法之前加上如下程序类型说明段：

```
#include "stdio.h"
```

```
typedef struct node {
    char data;
    struct node *next;
} LinkStrNode;
typedef LinkStrNode *LinkString;
```

该题的具体算法如下：

```
char FindChar(LinkString S, LinkString T)
{
     LinkStrNode  *p,*q;
     p=S;
     while(p!=NULL)
     { q=T;
        while(q!=NULL)
        {  if(p->data!=q->data)
              q=q->next;                        //继续下一个字符的比较
           else
            break;                              //若有相同的字符，则跳出内循环
        }
        if(q==NULL)return p->data;              //返回要求的字符
        p=p->next;
     }
     return  "#";                               //没有要求的字符
}
```

希望读者参考下一节的实验解答，自己设计类实现本节的例题。

5.3 串模式匹配算法实验解答

所谓子串的定位就是求子串在主串中首次出现的位置，又称为模式匹配或串匹配。这个实验是设计两个算法。

1）实现一个标准的朴素模式匹配算法。朴素模式匹配算法的基本思路是将给定子串与主串从第一个字符开始比较，直到找到首次与子串完全匹配的子串为止，并返回该位置。

2）实现一个给定位置的匹配算法。为了实现统计子串出现的个数，不仅需要从主串的第一个字符位置开始比较，而且需要从主串的任一给定位置检索匹配字符串。

5.3.1 朴素模式匹配算法

1. 朴素模式匹配算法设计思想

该算法的基本思想是：设有i、j和k三个指针，用i指示主串S每次开始比较的位置；指针k和j分别指示主串S和模式串T中当前正在等待比较的字符位置；一开始从主串S的第一个字符（i=0，k=0）开始和模式串T的第一个字符（j=0）比较，若相同，则继续逐个比较后续字符（j++，k++），否则从主串的下一个字符（i++）起再重新和模式串的字符（j=0）开始比较。依次类推，直到模式T中的所有字符都比较完，而且一直相同，则称匹配成功，返回位置i；否则返回 –1，表示匹配失败。

假设字符存储在字符串对象的数据对象ch数组中，模式串T的长度为m，目标串S的长度为n，下面描述顺序串的模式匹配算法思想。

```
int Index(String S,String T)
{  //求子串T在主串S中首次出现的位置
   int i,j,k,m,n;
   //模式串长度赋m
```

```
  //目标串长度赋n
  for(i=0;i<=n-m;i++)
   {  j=0; k=i;      //目标串起始位置i送k
      while(j<m && S.ch[k]==T.ch[j])
      {  k++; j++;} //继续下一个字符的比较
         if(j==m)   //若相同，则说明找到匹配的子串，返回匹配位置i,
                    //否则从下一个位置重新开始比较
        return i;
    }//endfor
  return -1;
}//endIndex
```

为了实现这个算法，需要先设计类 String，假设在文件 shiyan51.h 中定义这个字符串类，在文件 shiyan51.cpp 中演示算法。

2. 设计字符串类

```
//shiyan51.h
#include <iostream>
using namespace std;

class String
{
   private:
       int curlen;
       char *ch;
   public:
       String(char *init="");                         //构造函数
       String(const String& ob);                      //复制构造函数
       int Length()const {return curlen-1;}
       void print();
       int Index(String S,String T);                  //朴素模式匹配算法函数
        ~ String(){delete []ch;}                      //析构函数
};

String::String(const String& ob)
{
       curlen=ob.curlen;
       ch=new char[curlen];
       if (ch==NULL)
       {
              cerr<<"Allocation Error"<<endl;
              exit(1);
       }
       strcpy(ch, ob.ch);

}

String::String(char *init)
{
       curlen=strlen(init)+1;                         //长度包括NULL字符
       ch=new char[curlen];
       if (ch==NULL)
       {
           cerr<<"Allocation Error"<<endl;
           exit(1);
       }
       strcpy(ch, init);
}

void String::print()
```

```
{
    cout<<ch;
}
//定义朴素模式匹配算法成员函数
int String::Index(String S,String T)
{  //求子串 T 在主串 S 中首次出现的位置
   int i,j,k,m,n;
   m=T.Length();    //模式串长度赋 m
   n=S.Length();    //目标串长度赋 n
   for(i=0; i<=n-m; i++)
   {
       j=0; k=i;    //目标串起始位置 i 送 k
       while(j<m && S.ch[k]==T.ch[j])
       {
           k++;
           j++;
       }              //继续下一个字符的比较
       if(j==m)       //若相同，则说明找到匹配的子串，返回匹配位置 i+1,
                      //否则从下一个位置重新开始比较
        return i+1;
   }//endfor
  return -1;
}//endIndex
```

3. 演示算法的主程序

```
#include "shiyan51.h"
void main()
{
    int j=0;
    String S1("we are here!");
    String S2("are"),S3("She");
    S1.print(); cout<<endl;
    S2.print(); cout<<endl;
    S3.print(); cout<<endl;

    j=S1.Index(S1,S2);
    if(j<0){
        cout<<"没有检索到需要的子串";
        S2.print(); cout<<"。\n";
    }
    else{
       S2.print();
       cout<<"的匹配位置为: "<<j<<endl;
    }

    j=S1.Index(S1,S3);
    if(j<0){
       cout<<"没有检索到需要的子串";
       S3.print(); cout<<"。\n";
    }
    else{
       S3.print();
       cout<<"的匹配位置为: "<<j<<endl;
    }
}
```

程序运行结果如下：

```
we are here! Where are They?
are
She
```

```
are 的匹配位置为：4
没有检索到需要的子串 She。
```

5.3.2 给定位置的串匹配算法

1. 给定位置的串匹配算法设计思想

该算法要求从串 s1（顺序存储结构）中的第 k 个字符起求出首次与字符串 s2 相同的子串的起始位置。

【分析】本题的要求与上面介绍的模式匹配算法类似，只不过上述算法的要求是从主串的第一个字符开始，该算法是上述算法的另一种思路：从第 k 个元素开始扫描 s1，当其元素值与 s2 的第一个元素的值相同时，判定它们之后的元素值是否依次相同，直到 s2 结束为止，若都相同，则返回当前位置值，否则继续上述过程直至 s1 扫描完为止。

为了实现这个算法，先改进类 String，例如增加赋值运算符。假设在文件 shiyan52.h 中定义这个字符串类，在文件 shiyan52.cpp 中演示算法。

2. 设计字符串类

```
//shiyan52.h
#include <iostream>
using namespace std;

class String
{
  private:
     int curlen;
     char *ch;
   public:
     String(char *init="");                    //构造函数
     String(const String& ob);
     int length()const {return curlen-1;}
     void print();
     int PartPosition(String s1,String s2,int k);
     String &operator = (char *s);             //赋值运算符
};

String::String(const String& ob)
{
     curlen=ob.curlen;
     ch=new char[curlen];
     if (ch==NULL)
     {
         cerr<<"Allocation Error"<<endl;
         exit(1);
     }
     strcpy(ch, ob.ch);

}

String::String(char *init)
{
     curlen=strlen(init)+1;                    //长度包括 NULL 字符
     ch=new char[curlen];
     if (ch==NULL)
     {
         cerr<<"Allocation Error"<<endl;
         exit(1);
     }
```

```
    strcpy(ch, init);
}

void String::print()
{
    cout<<ch;
}

String &String::operator = (char *s)
{
    if (strlen(s)+1 != curlen)
    {
        delete []ch;
        ch=new char[strlen(s)+1];
        if (ch==NULL)
        {
            cerr<<"Allocation Error"<<endl;
            exit(1);
        }
        curlen=strlen(s)+1;
    }
    strcpy(ch, s);
    return *this;
}
    //给定位置的串匹配算法成员函数
int  String::PartPosition(String s1,String s2,int k)
{
     int  i, j,m,n;
     i=k-1;
     //扫描 s1 的下标，C++ 数组下标从 0 开始，串中序号相差 1
     j=0;                                          //扫描 s2 的开始下标
     m=s1.length();
     n=s2.length();
     while (i<s1.length()&& j<s2.length())
         if (s1.ch[i]==s2.ch[j]){
             i++;  j++;                            //继续使下标移向下一个字符位置
         }
         else
         {
            i=i-j+1;  j=0;                         //使 i 下标回溯到原位置的下一个位置，
                                                   //使 j 指向 s2 的第一个字符，再重新比较
         }
     if (j>=s2.length())
       return  i+1- s2.length();                   //表示 s1 中存在 s2，返回其起始位置
     else
       return  -1;                                 //表示 s1 中不存在 s2，返回 -1
}// 函数结束
```

3. 演示算法的主程序

```
//shiyan52.cpp
#include "shiyan52.h"

void main( )
{
   int i,j,k;
   String S1("We are here! Where are They?"),T1;
   String T2("are"),T3("She");
   int wz[80];                                    //记录子串出现的位置
   for (int h=0;h<2;h++){                         //分别判断两种情况
      if(h==0)T1=T2;
```

```
    else T1=T3;
    wz[1]=0;                                //初始化标志位
    i=0;                                    //计数器清零
    k=1;                                    //初始化开始检索位置
    while( k<S1.length()-1)                 //检索整个主串 S1
    {
        j=S1.PartPosition(S1,T1,k);         //调用串匹配算法
        if(j<0){                            //如果没有一个匹配，则退出
            break;
        }
        else {
            i++;                            //计数器加 1
            wz[i]=j;                        //匹配字符串的对应位置
            k=j+T1.length();                //继续下一个子串的检索
        }
    }
    if(wz[1]!=0){                           //有匹配则输出结果
        cout<<" 子串 ";
        T1.print();
        cout<<" 出现在主串中的次数为 "<<i<<endl;
        cout<<i<<" 次匹配位置为: ";
        for(k=1;k<=i;k++)
            cout<<wz[k]<<"  ";
            cout<<endl;
    }
    else {
        cout<<" 没有检索到需要的子串 ";T1.print();
        cout<<"。\n";
    }
  }
}
```

程序运行结果如下：

```
子串 are 出现在主串中的次数为 2
2 次匹配位置为: 4 20
没有检索到需要的子串 She。
```

5.4 字符串课程设计

字符和字符串是除了数值之外在程序中使用最多的数据对象。每个应用程序或多或少地都需要使用和处理文本形式的信息。它们或者需要从用户那里得到字符序列输入，或者需要把字符序列形式的信息显示给用户。字符串数据抽象表示的对象是字符序列，在许多与用户进行文本方式交互的应用系统里都使用字符串，本课程设计的任务是设计一个自己的字符串类 String。

5.4.1 设计思想

为了和 C++ 提供的 string 类区别，这里使用 String。如果想构造一种字符串的具有更高层次的抽象描述，应该认真考虑下面几个问题：

1）各种串操作（子串操作、串复制、串连接等）都应当对字符串的界限进行检查和处理，这对于保证程序的安全性很有意义。

2）以复制方式实现串赋值，避免不同指针共享字符串的情况，提高数据的独立性。

3）用各种合适的操作符号定义字符串的操作（例如，使用 ==、>= 及 < 等）。

4）定义一些高层次的操作，例如子串操作、模式匹配等。

本课程设计不涉及模式匹配等高层次操作，但要求实用。这就要分析用户的需求，从用户的观点出发考虑字符串数据抽象应当提供什么，然后再进一步讨论实现方面的各种问题。

作为用户，首先是希望在有了字符串类型定义之后可以非常方便地使用它。例如，应当能用给初始值的方式直接定义一个串，也可以通过指定大小的方式定义存放字符串的缓冲区。下面是一些需要考虑的、可能使用的方式：

```
String a;
String b("This is a string."), c = "this is another string.";
String f=d;
```

用户还可能希望用字符串常量或变量给字符串变量赋值。赋值操作仍然用语言的赋值符号表示，位于赋值号左边的变量将得到由位于赋值号右边的表达式求出的字符串值的一个副本，例如：

```
str = "a string";
str2 = str;
```

而且在赋值之后，对一个变量值的修改不应影响另一个变量。

进一步的要求是能够对新定义类型的字符串使用下标表达式，而且应当允许把这种表达式放在赋值符号左边，以便修改字符串中的字符。

```
String  str("we");
str[0]='H'; //str 的内容变成 "He"
```

对下标的每次使用都应该进行检查。例如对前面定义的字符串 str，如果写下标表达式 str[–1]、str[25]，程序应该产生错误信息。

两个字符中应当能够用语言中提供的六个关系运算符做比较操作。字符串之间的比较采用字典顺序。当两个字符串长度相等，而且对应字符都相同时，就说两个字符串相等。

在两个字符串不相等时，对它们由左到右顺序比较，发现的互不相同的第一个字符的关系说明了字符串的顺序关系。如果顺序的比较都相同，而某一个字符串首先结束，那么它也被认为是较小者。这种顺序正是英文词典里单词排列的顺序。

应能够把一个字符串连接到另一个串后面，这个操作直接用“+=”运算符显得既自然又方便。例如语句

```
str+="!"
```

的执行使变量的值变成“He!”。此外，还可以考虑用二元运算符“+”表示连接两个字符串的操作，其作用是产生一个新的字符串，同时又不改变原来的串。

针对子串的操作也很多，例如从一个字符串中取出其子串（字符串中的一段）、子串替代和模式匹配等。不过，本课程设计对此不做要求。

5.4.2 设计 String 类

由于希望对串进行初始化可以有多种不同方式，每种初始化方式需要一个“构造函数”，所以这个定义中应该声明多个构造函数。本设计没有给出它们的全部形式，可以自行补充。

```
const int maxlen=128;
class String
{
   private:
```

```
int curlen;
char *ch;
public:
//构造函数
String(char *init="");
String(const String& ob);

//析构函数
~ String(){delete []ch;}
//赋值运算符
String &operator = (const String& ob);
String &operator = (char *s);
//关系运算符
int operator == (const String& ob)const {return strcmp(ch, ob.ch)==0;}
int operator == (char *s)const {return strcmp(ch, s)==0;}
friend int operator == (char *s, const String& ob)
{return strcmp(s, ob.ch)==0;}

int operator != (const String& ob)const
{return strcmp(ch, ob.ch)!=0;}
int operator != (char *s)const {return strcmp(ch, s)!=0;}
friend int operator != (char *s, const String& ob)
{return strcmp(s, ob.ch)!=0;}

int operator < (const String& ob)const {return strcmp(ch, ob.ch)<0;}
int operator < (char *s)const {return strcmp(ch, s)<0;}
friend int operator < (char *s, const String& ob)
{return strcmp(s, ob.ch)<0;}

int operator <= (const String& ob)const
{return strcmp(ch, ob.ch)<=0;}
int operator <= (char *s)const {return strcmp(ch, s)<=0;}
friend int operator <= (char *s, const String& ob)
{return strcmp(s, ob.ch)<=0;}

int operator > (const String& ob)const {return strcmp(ch, ob.ch)>0;}
int operator > (char *s)const {return strcmp(ch, s)>0;}
friend int operator > (char *s, const String& ob)
{return strcmp(s, ob.ch)>0;}

int operator >= (const String& ob)const {
return strcmp(ch, ob.ch)>=0;}
int operator >= (char *s)const {return strcmp(ch, s)>=0;}
friend int operator >= (char *s, const String& ob)
{return strcmp(s, ob.ch)>=0;}

//串连接运算符
String operator + (const String& ob)const;
String operator + (char *s)const;
friend String operator + (char *s, const String& ob);
String &operator += (const String& ob);
String &operator += (char *s);

//有关串函数
//从start位置开始找字符c
int Find(char c, int start)const;
//找字符c最后出现的位置
int FindLast(char c)const;
//取子串
String Substr(int index, int count)const;
//String的下标运算
```

```
    char &operator [](int i);
    friend ostream& operator <<(ostream& ostr, const String& s);
    friend istream& operator >>(istream& istr,  String& s);
    //其他函数
    int Length()const {return curlen-1;}
    int StrEmpty()const {return curlen==1;}
    void Clear(){curlen=1;}
    //int Find(String pat)const;
};
```

按照给定的函数原型，结合字符串的知识，设计各个成员函数。下面举几个典型的成员函数说明设计中需要考虑的问题。

1. 构造函数

构造函数的默认参数为空串。为String类设计两个数据成员，整型对象curlen存储字符串的长度。构造函数初始化这个长度，这个参数为设计成员函数提供方便。

```
String::String(char *init)
{
    curlen=strlen(init)+1;  //长度包括NULL字符
    ch=new char[curlen];
    if (ch==NULL)
    {
        cerr<<"Allocation Error"<<endl;
        exit(1);
    }
    strcpy(ch, init);
}
```

复制构造函数使用curlen参数作为申请内存空间大小的依据。

```
String::String(const String& ob)
{
    curlen=ob.curlen;
    ch=new char[curlen];
    if (ch==NULL)
    {
        cerr<<"Allocation Error"<<endl;
        exit(1);
    }
    strcpy(ch, ob.ch);

}
```

2. 重载赋值运算符

重载赋值运算符也利用长度参数，如果两个字符串等长，直接拷贝即可，否则，需要重新申请内存空间。

```
String &String::operator = (const String& ob)
{
    //若大小不等则删除当前串，并重新申请内存
    if (ob.curlen != curlen)
    {
      delete []ch;
      ch=new char[ob.curlen];
      if (ch==NULL)
      {
          cerr<<"Allocation Error"<<endl;
          exit(1);
      }
```

```
    curlen=ob.curlen;
    }
    strcpy(ch, ob.ch);
    return *this;
}
```

3. 重载输入流运算符

以字符指针为参数（实际上是以这种指针所指向的字符数组为输入目标）的输入以词为单位进行。在流输入过程中，输入序列被看作由空格字符（包括空格字符、换行符、制表符等）分隔的词序列。为解决字符串输入问题，下面定义中首先把输入的词存入一个临时字符数组（这个数组要足够大，以便在实际使用中不会发生溢出），然后再把它赋值给参数字符串。

这个操作的字符串参数不能是常量，因为操作中要修改它的内容。

实际工作中常需要整行地进行输入，C++ 流库里有个名为 getline 的系统函数，其作用就是读入一整行。

```
istream& operator >>(istream& istr,  String& s)
{
    s.ch=new char[maxlen];
    if (s.ch==NULL)
    {
        cerr<<"Allocation Error"<<endl;
        exit(1);
    }
    istr.getline(s.ch,maxlen,'\n');
    return istr;
}
```

其他函数不再介绍，详见程序清单。

5.4.3 String 类程序清单

为了提供给用户使用，定义在头文件 String.h 中。为了方便起见，编程直接使用库中提供的函数。下面还是采取自己设计命名空间，并给出其完整清单以及测试部分功能的主程序。

1. String.h 文件

```
#if !defined(STRING_H)
#define STRING_H

#include <iostream>
#include <stdlib.h>
using namespace std;

namespace std{     //自定义命名空间

const int maxlen=128;

class String
{
   private:
     int curlen;
     char *ch;
   public:
   //构造函数
     String(char *init="");
     String(const String& ob);
```

```
//析构函数
~ String(){delete []ch;}

//赋值运算符
String &operator = (const String& ob);
String &operator = (char *s);

//关系运算符
int operator == (const String& ob)const
{return strcmp(ch, ob.ch)==0;}

int operator == (char *s)const
{return strcmp(ch, s)==0;}

friend int operator == (char *s, const String& ob)
{return strcmp(s, ob.ch)==0;}

int operator != (const String& ob)const
{return strcmp(ch, ob.ch)!=0;}

int operator != (char *s)const
{return strcmp(ch, s)!=0;}

friend int operator != (char *s, const String& ob)
{return strcmp(s, ob.ch)!=0;}

int operator < (const String& ob)const
{return strcmp(ch, ob.ch)<0;}
int operator < (char *s)const
{return strcmp(ch, s)<0;}

friend int operator < (char *s, const String& ob)
{return strcmp(s, ob.ch)<0;}

int operator <= (const String& ob)const
{return strcmp(ch, ob.ch)<=0;}

int operator <= (char *s)const
{return strcmp(ch, s)<=0;}

friend int operator <= (char *s, const String& ob)
{return strcmp(s, ob.ch)<=0;}

int operator > (const String& ob)const
{return strcmp(ch, ob.ch)>0;}

int operator > (char *s)const
{return strcmp(ch, s)>0;}

friend int operator > (char *s, const String& ob)
{return strcmp(s, ob.ch)>0;}

int operator >= (const String& ob)const
{return strcmp(ch, ob.ch)>=0;}

int operator >= (char *s)const
{return strcmp(ch, s)>=0;}

friend int operator >= (char *s, const String& ob)
{return strcmp(s, ob.ch)>=0;}
```

```
    //串连接运算符
    String operator + (const String& ob)const;
    String operator + (char *s)const;
    friend String operator + (char *s, const String& ob);
    String &operator += (const String& ob);
    String &operator += (char *s);

    //有关串函数
    //从start位置开始找字符c
    int Find(char c, int start)const;

    //找字符c最后出现的位置
    int FindLast(char c)const;

    //取子串
    String Substr(int index, int count)const;

    //String的下标运算
    char &operator [](int i);
    friend ostream& operator <<(ostream& ostr, const String& s);
    friend istream& operator >>(istream& istr,  String& s);

    //其他函数
    int Length()const {return curlen-1;}
    int StrEmpty()const {return curlen==1;}
    void Clear(){curlen=1;}
};

String::String(const String& ob)
{
    curlen=ob.curlen;
    ch=new char[curlen];
    if (ch==NULL)
    {
        cerr<<"Allocation Error"<<endl;
        exit(1);
    }
    strcpy(ch, ob.ch);

}

String::String(char *init)
{
    curlen=strlen(init)+1;  //长度包括NULL字符
    ch=new char[curlen];
    if (ch==NULL)
    {
        cerr<<"Allocation Error"<<endl;
        exit(1);
    }
    strcpy(ch, init);
}

String &String::operator = (const String& ob)
{
    //若大小不等则删除当前串，并重新申请内存
    if (ob.curlen != curlen)
    {
        delete []ch;
        ch=new char[ob.curlen];
        if (ch==NULL)
```

```
            {
                cerr<<"Allocation Error"<<endl;
                exit(1);
            }
            curlen=ob.curlen;
        }
        strcpy(ch, ob.ch);
        return *this;
}

String &String::operator = (char *s)
{
    if (strlen(s)+1 != curlen)
    {
        delete []ch;
        ch=new char[strlen(s)+1];
        if (ch==NULL)
        {
            cerr<<"Allocation Error"<<endl;
            exit(1);
        }
        curlen=strlen(s)+1;
    }
    strcpy(ch, s);
    return *this;
}

String String::operator + (const String& ob)const
{
    //在 temp 中建立一个长度为 len 的新串
    String temp;
    int len;
    //删除定义 temp 时产生的 NULL 串
    delete []temp.ch;
    //计算连接后的串长度并为之申请内存
    len=curlen+ob.curlen-1;  //只有一个 NULL 结尾
    temp.ch=new char[len];
    if (temp.ch==NULL)
    {
        cerr<<"Allocation Error"<<endl;
        exit(1);
    }
    //建立新串
    temp.curlen=len;
    strcpy(temp.ch, ch);
    strcat(temp.ch, ob.ch);
    return temp;
}

String String::operator + (char *s)const
{
    String temp;
    int len;
    delete []temp.ch;
    len=curlen+strlen(s);
    temp.ch=new char[len];
    if (temp.ch==NULL)
    {
        cerr<<"Allocation Error"<<endl;
        exit(1);
    }
```

```
    temp.curlen=len;
    strcpy(temp.ch, ch);
    strcat(temp.ch, s);
    return temp;
}

String operator + (char *s, const String& ob)
{
    String temp;
    int len;
    delete []temp.ch;
    len=ob.curlen+strlen(s);
    temp.ch=new char[len];
    if (temp.ch==NULL)
    {
        cerr<<"Allocation Error"<<endl;
        exit(1);
    }
    temp.curlen=len;
    strcpy(temp.ch, s);
    strcat(temp.ch, ob.ch);
    return temp;
}

String &String::operator += (const String& ob)
{
    char *temp=ch;
    curlen=curlen+ob.curlen-1;
    ch=new char[curlen];
    if (ch==NULL)
    {
        cerr<<"Allocation Error"<<endl;
        exit(1);
    }
    strcpy(ch, temp);
    strcat(ch, ob.ch);
    delete []temp;
    return *this;
}

String &String::operator += (char *s)
{
    char *temp=ch;
    curlen+=strlen(s);
    ch=new char[curlen];
    if (ch==NULL)
    {
        cerr<<"Allocation Error"<<endl;
        exit(1);
    }
    strcpy(ch, temp);
    strcat(ch, s);
    delete []temp;
    return *this;
}

int String::Find(char c, int start)const
{
    int ret;
    char *p;
    p=strchr(ch+start, c);
```

```
    if (p!=NULL)
          ret=int(p-ch);
    else
          ret=-1;
    return ret;
}

int String::FindLast(char c)const
{
    int ret;
    char *p;
    p=strrchr(ch, c);
    if (p!=NULL)
          ret=int(p-ch);
    else
          ret=-1;
    return ret;
}

String String::Substr(int index, int count)const
{
    //从index到串尾的字符个数
    int charsLeft=curlen-index-1, i;
    //建立子串temp
    String temp;
    char *p, *q;
    //若index越界，返回空串
    if (index>=curlen-1)
          return temp;
    //若count大于剩下的字符，则只用剩下的字符
    if (count>charsLeft)
       count=charsLeft;
    //删除定义temp时产生的NULL串
    delete []temp.ch;
    temp.ch=new char[count+1];
    if (temp.ch==NULL)
    {
          cerr<<"Allocation Error"<<endl;
          exit(1);
    }
    //从ch中拷贝count个字符到temp.ch
    for (i=0, p=temp.ch, q=&ch[index]; i<count; i++)
          *p++=*q++;
    *p=0;
    temp.curlen=count+1;
    return temp;
}

char &String::operator [](int i)
{
    return ch[i];
}

ostream& operator <<(ostream& ostr, const String& s)
{
    cout<<s.ch;
    return ostr;
}

istream& operator >>(istream& istr,  String& s)
{
```

```
    s.ch=new char[maxlen];
    if (s.ch==NULL)
    {
            cerr<<"Allocation Error"<<endl;
            exit(1);
    }
    istr.getline(s.ch,maxlen,'\n');
    return istr;
  }
}   //定义命名空间结束
#endif
```

2. 示范程序及运行结果

```
// String.cpp
#include "String.h"

void main()
{
    String s1( "STRING" ), s2( "CLASS OF YOURS" );
    String s3, s4, s5;
    char c;

    s3=s1+" "+s2;
    cout<<"s3 的内容是：  "<<s3<<endl;
    cout<<"s2 的长度是：  "<<s2.Length()<<endl;
    cout<<"s2 中第一个 s 的位置是："<<s2.Find('S',0)<<endl;
    cout<<"s2 中最后一个 s 的位置是："<<s2.FindLast('S')<<endl;

    cout<<"s2 中第一个空格的位置是："<<s2.Find(' ',0)<<endl;
    cout<<"s2 中最后一个空格的位置是："<<s2.FindLast(' ')<<endl;
    cout<<"输入: ";
    cin>>s4;
    cout<<"显示："<<s4<<endl;
    s5="A "+s1;
    cout<<"s5 的内容是：  "<<s5<<endl;
    s1="HOW ARE YOU?";
    for (int i=0; i<s1.Length(); i++)
    {
          c=s1[i];
          if (c>='A' &&c<='Z')
          {
            c+=32;
            s1[i]=c;
          }
    }
    cout<<"s1 is:  "<<s1<<endl;
    cout<<"OK"<<endl;
    s1="ABCDE";
    s2="BCF";
    cout<<"s1="<<s1<<" s2="<<s2<<endl;
    int b=s2<s1;
    cout<<"s1<s2 is "<<b<<endl;
    cout<<"s1>s2 is "<<(s2>s1)<<endl;

    String str=s1.Substr(2,4);
    str+=str;
    cout<<str<<endl;
    String as="D",f=s1;
    String data("300");
    data[0]='5';
```

```
    cout<<data<<" ";
    cout<<data.StrEmpty()<<" ";
    data.Clear();
    cout<<data.StrEmpty()<<endl;

}
```

程序输出结果如下：

```
s3 的内容是： STRING CLASS OF YOURS
s2 的长度是： 14
s2 中第一个 s 的位置是：3
s2 中最后一个 s 的位置是：13
s2 中第一个空格的位置是：5
s2 中最后一个空格的位置是：8
输入：How about you?          //输入
显示： How about you?         //存入字符串内容
s5 的内容是： A STRING
s1 is:  how are you?
OK
s1=ABCDE s2=BCF
s1<s2 is 0
s1>s2 is 1
CDECDE
500 0 1
```

5.5 评价标准

本章课程设计涉及的知识较多，测试工作量也较大。要求设计好的测试用例，编写合适的测试程序对程序进行测试。

只有在完成本设计的基础上，又进行必要的测试，才可获得 85 分以上的成绩。如果能进一步修改程序以获得更好的结果，则可以考虑给予加分。还可以给这个程序增加功能，例如模式匹配功能，对增加功能者，可以给予高分，但要控制 90 分以上的学生人数。

如果学生的程序虽然存在局部问题，但有些地方具有一定的创造性，则可以适当提高成绩，酌情考虑给 75 ~ 79 分。

如果程序部分错误，成绩应在 60 ~ 74 分；如果程序的错误较多或几乎不能运行，甚至没有测试，则不予及格。

第 6 章 多维数组和广义表

在前面的课程设计中所用到的线性表、栈、队列和串都是线性结构，它们的逻辑特征是：每个数据元素至多有一个直接前驱和一个直接后继。在本章的设计中所涉及的多维数组和广义表是一种复杂的非线性结构，它们的逻辑特征是：一个数据元素可能有多个直接前驱和多个直接后继。

6.1 重点和难点

本章的重点是熟悉多维数组的存储方式、矩阵的压缩存储方式、稀疏矩阵压缩存储表示下实现的算法等。

本章的难点是广义表的定义以及求表头和表尾的运算。

6.1.1 多维数组

数组是一种常用的数据类型，前面介绍过的向量就是一维数组，二维以上的数组称为多维数组。多维数组是一种复杂的数据结构，数组元素之间的关系既不是线性的也不是树形的，但所有元素必须具有相同的数据类型。矩阵通常用二维数组存储。

一般情况下都是采用顺序存储方法来表示数组。通常有两种顺序存储方式（以二维数组 A 为例）：

$$A_{mn}=\begin{bmatrix} a_{11} & a_{12} & \cdots & a_{1n} \\ a_{21} & a_{22} & \cdots & a_{2n} \\ \vdots & \vdots & \vdots & \vdots \\ a_{m1} & a_{m2} & \cdots & a_{mn} \end{bmatrix}$$

1）按行优先顺序，即将数组元素按行向量排列，第 i+1 个行向量紧接着第 i 个行向量后面。按行优先顺序存储的线性序列为

$$a_{11}, a_{12}, \cdots, a_{1n}, a_{21}, a_{22}, \cdots, a_{2n}, \cdots, a_{m1}, a_{m2}, \ldots, a_{mn}$$

在 PASCAL、C++ 语言中，数组是按行优先顺序存储的。

2）按列优先顺序，即将数组元素按列向量排列，第 j+1 个列向量紧接在第 j 个列向量之后，A 的 $m\times n$ 个元素按列优先顺序存储的线性序列为

$$a_{11}, a_{21}, \cdots, a_{m1}, a_{12}, a_{22}, \cdots, a_{m2}, \cdots, a_{1n}, a_{2n}, \cdots, a_{mn}$$

在 FORTRAN 语言中，数组就是按列优先顺序存储的。

按上述两种方式顺序存储的数组，只要知道开始结点的存储地址（即基地址）、维数、每维的上下界以及每个元素所占用的单元数，就可以将数组元素的存储地址表示为其下标的线性函数。例如，二维数组 A_{mn} 按行优先顺序存储在内存中，假设每个元素占 d 个存储单元，那么在 C++ 语言中，数组元素 a_{ij} 的地址计算函数为

$$LOC(a_{ij})=LOC(a_{00})+(i\times n+j)\times d$$

例如，设有数组 $A_{4\times5}$，d=2，LOC(a_{00})=100，计算 a_{23} 的存储地址。

根据地址计算函数得：

$$LOC(a_{23})=100+(2\times5+3)\times2=126$$

那么，三维数组 A_{mnp} 按行优先顺序存储在内存中，计算数组元素 a_{ijk} 的地址计算函数为

$$LOC(a_{ijk})=LOC(a_{000})+(i\times n\times p+j\times p+k)\times d$$

6.1.2 特殊矩阵

矩阵是很多科学与工程计算问题中研究的数据对象，通常由二维数组来表示。然而，有些矩阵中往往有许多相同的元素（或零元素），为了节省存储空间，可以对这类矩阵进行压缩存储。所谓的压缩存储，就是对多个值相同的元素只分配一个存储空间（零元素不分配空间）。将数据值相同的元素或零元素的分布有一定规律的矩阵称为特殊矩阵。特殊矩阵一般有以下几种。

1. 对称矩阵

在一个 n 阶方阵 A 中，若元素满足 $a_{ij}=a_{ji}$（$0\leqslant i, j\leqslant n-1$），则称 A 为对称矩阵。对称矩阵中的元素关于主对角线对称，所以只需要存储矩阵上三角或下三角中的元素，让两个对称的元素共享一个存储空间。按 C++ 语言的“按行优先”存储主对角线以下（包括主对角线）的元素，在这个下三角矩阵中，第 i 行（$0\leqslant i\leqslant n-1$）恰好有 i+1 个元素，元素总数为

$$\sum_{i=0}^{n-1}(i+1)=n(n+1)/2$$

因此，可将这些元素存放在一个向量（一维数组）sa[0..$n(n+1)/2$] 中。为了便于访问对称矩阵中的元素，必须在元素 a_{ij} 和 sa[k] 之间找到一个对应关系，这个对应关系为

$$k=I\times(I+1)/2+J$$

其中，$I=\max(i,j)$，$J=\min(i,j)$，$0\leqslant k\leqslant n(n+1)/2$。因此，$a_{ij}$ 的地址可用下面的公式计算：

$$LOC(a_{ij})=LOC(sa[k])=LOC(sa[0])+k\times d=LOC(sa[0])+[I\times(I+1)/2+J]\times d$$

2. 三角矩阵

以主对角线划分，三角矩阵有上三角和下三角两种。上三角矩阵的下三角（不包括主对角线）中的元素均为常数 C。下三角矩阵正好相反，它的主对角线上方均为常数 C。在多数情况下，三角矩阵的常数 C 为零。

三角矩阵中的重复元素 C 可共享一个存储空间，其余的元素正好有 $n(+1)/2$ 个，因此，三角矩阵可压缩存储在 sa[0..$n(n+1)/2$] 中，其中 C 存放在向量的最后一个分量中。

在上三角矩阵中，sa[k] 和 a_{ij} 存储位置的对应关系为

$$k=\begin{cases} i\times(2n-i+1)/2+j-i & \text{当} i\leqslant j \\ n\times(n+1)/2 & \text{当} i>j \end{cases}$$

在下三角矩阵中，sa[k] 和 a_{ij} 存储位置的对应关系为

$$k=\begin{cases} i\times(2n-i+1)/2+j-i & \text{当} i\geqslant j \\ n\times(n+1)/2 & \text{当} i<j \end{cases}$$

3. 稀疏矩阵

设矩阵 A_{mn} 中有 s 个非零元素，若 s 远远小于矩阵元素的总数，则称 A 为稀疏矩阵。为了节省存储单元，用压缩存储方法只存储非零元素。由于非零元素的分布一般没有规律，因此在存储非零元素时，还必须存储适当的辅助信息，最简单的方法是将非零元素的值和它所在的行号、列号作为一个结点存放在一起，这就是唯一确定一个非零元素的三元组（i, j, v）。若将表示稀疏矩阵的非零元素的三元组按行优先的顺序排列，则得到一个其结点均是三元组的线性表，将该线性表的顺序存储结构称为三元组表。

6.1.3 广义表

广义表（又称列表）是线性表的推广。我们知道，线性表是 n（$n \geqslant 0$）个元素的有限序列。线性表的元素仅限于原子项，原子是它们结构上不可分割的成分，它可以是一个数或一个结构。若放松对表元素的这种限制，允许它们具有其自身结构，这样就产生了广义表的概念。

广义表是 n（$n \geqslant 0$）个元素 $a_1, a_2, \cdots, a_n$ 的有限序列，其中 a_i 或者是原子或者是一个广义表。广义表通常记作 LS= ($a_1, a_2, \cdots, a_n$)，其中 LS 是广义表的名字，n 为它的长度。若 a_i 是广义表，则称它为 LS 的子表。

通常用圆括号将广义表括起来，用逗号分隔其中的元素。为了区分原子和广义表，书写时用大写字母表示广义表，用小写字母表示原子。若广义表 LS 非空（$n \geqslant 1$），则 a_1 是 LS 的表头，其余元素组成的表 $a_2, \cdots, a_n$ 称为 LS 的表尾。一个表展开后所含括号的层数称为广义表的深度。

和线性表类似，可以对广义表进行查找、插入和删除运算。由于广义表在结构上较线性表复杂得多，因此，广义表的运算也不如线性表简单。在此，只要求掌握广义表的两个重要的基本运算：取表头 head(LS) 和取表尾 tail(LS)。下面给出一些广义表的例子。

1）A=()：一个空表，其长度为 0。

2）B=(e)：只有一个原子 e，其长度为 1。

3）C=(a, (b, c, d))：其长度为 2，第一个元素是 a，另一个元素是子表（b, c, d）。

4）D=(A, B, C)：其长度为 3, 3 个元素又都是表，代入后 D=((), (e), (a, (b, c, d)))。

5）E=（a, E)：是一个递归的表，其长度为 2。E 相当于一个无限的广义表 E=(a, (a, (a,⋯)))。

从上述的定义和例子可以知道，广义表的元素可以是子表，而子表还可以是子表，……因此，广义表是一个多层次的结构，可以用图来形象地表示。例如，广义表 D 可形象地表示为图 6-1。另外，广义表还可以是一个递归的表。

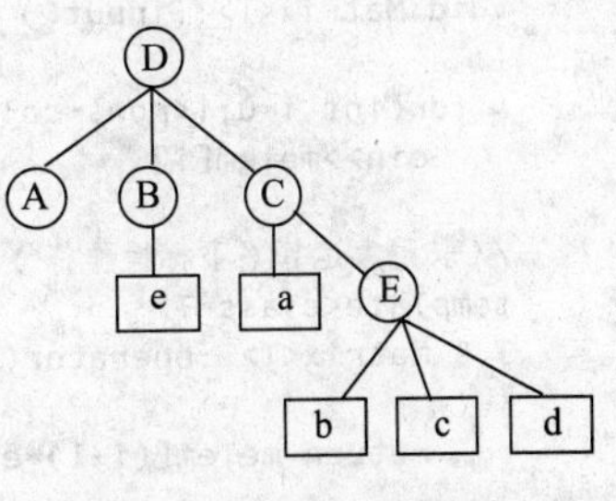

图 6-1　广义表的图形

根据表头和表尾的定义可知，任何一个非空的广义表其表头可能是原子，也可以是子表，但其表尾必定为子表。例如，head(B)=e, tail(B)=( ), head(D)=A=(), tail(D)=(B, C)=((e), (a,（b, c, d)))。

6.1.4 典型例题

在科学与工程计算问题中，矩阵是一种常用的数学对象。在高级语言编程时，简单而又自然的方法就是将矩阵描述为二维数组。在这种存储表示之下，可以对矩阵元素进行随机存取，各种矩阵运算也非常简单。

矩阵知识比较重要，下面用几个例题进一步说明矩阵的使用方法。

【例 6.1】如果矩阵 A 中存在一个元素 $A[i][j]$，满足：$A[i][j]$ 是第 i 行元素中的最小值，且又是第 j 列元素中的最大值，则称此元素为该矩阵的一个马鞍点。假设以二维数组存储矩阵 A_{mn}，试编写求出矩阵中所有马鞍点的算法。

【分析】按照题意，先求出每行中的最小值，存入数组 Min[m] 之中，再求出每列的最大值元素，存入数组 Max[n] 之中，若某元素既在 Min[i] 中又在 Max[j] 中，则该元素 $A[i][j]$ 就是马鞍点。

为了求解这个问题，需要先定义类模板 matrix。假设将它们定义在头文件 matrix.h 中，而且将求解函数设计为类的友元函数 MaxMin。

```
//matrix.h
template<class T>
class Matrix {
  public:
     Matrix(int r=0,int c=0);                    //构造函数
     void input();                               //矩阵数据输入
     T & operator()(int i,int j);                //用()取元素
     Friend void MaxMin(Matrix<T> A);            //用来求解的友元函数

  private:
     int rows,cols;                              //矩阵维数
     T *melem;                                   //元素数组
  };
//构造函数
template<class T>
Matrix<T>::Matrix(int r,int c)
{
    rows=r;
    cols=c;
    melem=new T[r*c];                            //申请分配存储空间
}
//输入矩阵元素
template<class T>
void Matrix<T>::input()
{
  for(int i=0;i<rows*cols;i++)
    cin>>melem[i];
}
//取元素运算(下标操作符)
template<class T>
T & Matrix<T>::operator()(int i,int j)
{
    return melem[(i-1)*cols+j-1];
}
```

这里只是演示，所以类的成员函数以够用为原则。友元函数可以定义在头文件中，也可以定义在主文件中，这里将它与主函数一起定义在文件 k61.cpp 中。

```
//k61.cpp
#include<iostream>
#include “matrix.h”
using namespace std;

template<class T>
void  MaxMin(Matrix<T> A)
```

```
{
    int  i,j,m,n,k=0;
    m=A.rows; n=A.cols;
    T * Max =new T[m+1];
    T * Min =new T[n+1];
    for(i=1;i<=m;i++){// 计算每行的最小值元素，存入 Min 数组中
        Min[i]=A(i,1);
        // 先假设第 i 行第一个元素最小，然后再与后面的元素比较
        for(j=1; j<=n; j++)
            if(A(i,j)<Min[i] )
                Min[i]=A(i,j);
    }
     for(j=1; j<=n;j++){ // 计算每行的最大值元素，存入 Max 数组中
         Max[j]=A(1,j);
         // 假设第 j 列第一个元素最大，然后再与后面的元素比较
         for(i=1; i<=m; i++)
             if (A(i,j)>Max[j] )
                 Max[j]=A(i,j);
     }
     for(i=1; i<=m; i++)// 判断是否有马鞍点
         for (j=1; j<=n ; j++)
             if(Min[i]==Max[j]){
                 cout<<"Max("<<i<<","<<j<<")="<<Max[j]<<", 是马鞍点 "<<endl;
                 k=1;
             }
     if(k==0)
        cout<<" 该矩阵无马鞍点！ "<<endl;
}
// 演示主函数
void main()
{
    Matrix<int> A(3,4);
    for(int i=0;i<2;i++){
        cout<<"input A:\n";
        A.input();
        MaxMin(A);
        cout<<endl;
    }
}
```

程序运行示例如下。

```
input A:
2  3  4  5
8  7  5  6
4  5  2  7
Max(2,3)=5, 是马鞍点

input A:
2  3  4  5
8  7  5  6
4  5  8  7
该矩阵无马鞍点!
```

【例 6.2】已知 A 和 B 是两个 $n \times n$ 阶的对称矩阵，因为是对称矩阵，所以仅需要输入下三角元素值存入一维数组，试写一算法求对称矩阵 A 和 B 的乘积。

【分析】如果是两个完整的矩阵相乘，其算法是比较简单的。但由于是对称矩阵，所以要搞清楚对称矩阵的第 i 行和第 j 列的元素数据在一维数组中的位置，其位置的计算公式为

$$l=i\times(i+1)/2+j \qquad \text{当 } i \geqslant j \text{ 时（}A_{ij}\text{ 和 }B_{ij}\text{ 处在下三角中）}$$

$$l=j\times(j+1)/2+i \qquad \text{当 } i<j \text{ 时（}A_{ij}\text{ 和 }B_{ij}\text{ 处在上三角中）}$$

其中 l 代表 A_{ij} 或 B_{ij} 在其对称矩阵中的位置，而且 $0 \leqslant l<n(n+1)/2$。

显然，需要重新设计类，增加需要的成员函数。例如，增加声明成员函数

```
Matrix<T> operator*(Matrix<T>&m);
```

它用来实现重载运算符“*”以完成矩阵乘法运算。

```
//matrix.h
template<class T>
class Matrix {
      public:
          Matrix(int r=0,int c=0);                        //构造函数
          Matrix(Matrix<T> &m);                           //复制构造函数
          ~Matrix(){delete []melem;}
          void input();                                   //矩阵数据输入
          void Print();                                   //矩阵输出
          T & operator()(int i,int j);                    //用()取元素
          Matrix<T> &operator=(Matrix<T>&m);              //赋值运算
          Matrix<T> operator*(Matrix<T>&m);//乘法运算
      private:
          int rows,cols;                                  //矩阵维数
          T *melem;                                       //元素数组
};
//构造函数
template<class T>
Matrix<T>::Matrix(int r,int c)
{
    rows=r;
    cols=c;
    melem=new T[r*c];                                     //申请分配存储空间
}
//复制构造函数
template<class T>
Matrix<T>::Matrix(Matrix<T> & m)
{
      rows=m.rows;
      cols=m.cols;
      melem=new T[rows*cols];
      for(int i=0;i<rows*cols;i++)
          melem[i]=m.melem[i];
}
template<class T>
void Matrix<T>::input()
{
    for(int i=0;i<rows*cols;i++)
        cin>>melem[i];
}
//输出函数
template<class T>
void Matrix<T>::Print()
{
    for(int i=0;i<rows*cols;i++){
          if(i % cols ==0)
              cout<<endl;
        cout<<melem[i]<<"  ";
    }
    cout<<endl;
}
//取元素运算(下标操作符)
```

```
template<class T>
T & Matrix<T>::operator()(int i,int j)
{
   return melem[(i-1)*cols+j-1];
}
template<class T>
Matrix<T> &Matrix<T>:: operator=(Matrix<T>&m)
{
    rows=m.rows;
    cols=m.cols;
    melem=new T[rows*cols];
    for(int i=0;i<rows*cols;i++)
       melem[i]=m.melem[i];
    return *this;
}
//矩阵乘法
template<class T>
Matrix<T> Matrix<T>::operator*(Matrix<T> & B)
{
     if(cols!=B.rows)
         cout<<"error()"<<endl;                    //错误处理
     Matrix<T>C(rows,B.cols);
     int ca=0,cb=0,cc=0;
     for(int i=1;i<=rows;i++){
         for(int j=1;j<cols;j++){
             T sum=melem[ca]*B.melem[cb];
             for(int k=2; k<=cols;k++){
                 ca++;                             //指向下一个元素
                 cb+=B.cols;                       //指向B的第j列的下一个元素
                 sum+=melem[ca]*B.melem[cb];
             }//end of fork
             C.melem[cc++]=sum;                    //保存C(i,j)
             ca-=cols-1;                           //调整至行头
             cb=j;                                 //调整至下一列
         } //end of forj
        ca+=cols;                                  //调整至下一行的行头
        cb=0;                                      //调整至第一列
     }// end of fori
     return C;
}
```

使用如下文件演示矩阵乘法：

```
//k62.cpp
#include<iostream>
#include "matrix.h"
using namespace std;

void main()
{
   Matrix<int> A(3,4),B(4,3),C(3,3),E(3,4);
   cout<<"input A:\n";
   A.input();
   cout<<"input B:\n";
   B.input();
   C=A*B;
   cout<<"C=A*B";
   C.Print();

 }
 // 演示过程
 input A:
```

```
1 2 3 4
2 3 4 5
3 4 5 6
input B:
2 3 4
3 4 5
4 5 6
5 6 7
C=A*B
40  50  60
54  68  82
68  86  104
```

【例 6.3】试写一个算法，建立顺序存储稀疏矩阵的三元组表并验证算法的正确性。

【分析】假设 *A* 为一个稀疏矩阵，*B* 为一个对应于 *A* 矩阵的三元组表。在这个算法中要进行二重循环来判断每个矩阵元素是否为零，若不为零，则将其行、列下标及其值存入 *B* 中。

在头文件 TSMatrix.h 中声明并定义矩阵类 TSMatrix，使用友元函数

```
friend void CreateTriTupleTable(TSMatrix *B, int A[20][20],int m,int n);
```

来完成将数组 *A* 的内容转换成 *m* 行 *n* 列的三元组表。

```
//TSMatrix.h
struct TriTupleNode {
     int r,c;                          //非零元素的行号、列号(下标)
     int v;                            //非零元素值
  };
class TSMatrix {                       //三元组表类定义
       public:
          friend void OutputTM(TSMatrix x);
          friend void CreateTriTupleTable(TSMatrix *B,
          int A[20][20],int m,int n); //转换三元组表
          TSMatrix(int MaxSizes=10);
      private:
          int rs,cs;                   //矩阵行、列数
          int ts;                      //非零元素个数
          int MaxSize;                 //三元组表的大小
          int * RowPos;                //行表
          TriTupleNode *Tdata;         //三元组表
};

TSMatrix::TSMatrix(int MaxSizes)
{
    MaxSize=MaxSizes;
    RowPos=new int[MaxSize+1];
    Tdata=new TriTupleNode[MaxSize+1];
    rs=cs=ts=0;
}

void OutputTM(TSMatrix S)
{
    cout<<"rows   cols   value"<<endl;
    for(int k=0;k<S.ts;k++)
        cout<<S.Tdata[k].r<<"        "
            <<S.Tdata[k].c<<"        "
            <<S.Tdata[k].v<<endl;
}
//建立顺序存储稀疏矩阵的三元组表
void CreateTriTupleTable(TSMatrix *B,int A[20][20],int m,int n)
{   int i,j ,k=0;
```

```
    for(i=0;i<m;i++)
        for(j=0;j<n;j++)
           if(A[i][j]!=0){                              //找出非零元素
               B->Tdata[k].r=i;                         //记录非零元素行下标
               B->Tdata[k].c=j;                         //记录非零元素列下标
               B->Tdata[k].v=A[i][j];                   //保存非零值
               k++;                                     //统计非零元素个数
           }
       B->rs=m; B->cs=n;                                //记录矩阵行、列数
       B->ts=k;                                         //保存非零元素个数
}
```

假设验证文件为 k63.cpp，为了方便，在主程序中直接给数组 *A* 赋值。

```
//k63.cpp
  #include <iostream>
  using namespace std;
  #include "TSMatrix.h"
  void main()
  {
      int A[20][20]={{1,0,0},{0,2,0},{0,0,3,4},{0},{0,5,0,0,6,7}};
      TSMatrix *B=new(TSMatrix);
      CreateTriTupleTable(B,A,5,6);
      OutputTM(*B);
  }
```

程序输出结果如下：

```
rows    cols    value
0       0       1
1       1       2
2       2       3
2       3       4
4       1       5
4       4       6
4       5       7
```

与数组 *A* 的内容对照，转换结果正确。

【例 6.4】已知有下列的广义表，试求出每个广义表的表头 head( )、表尾 tail( )、表长 length( ) 和深度 depth( )。

1）A=((a, b), c, ((d, e), f))　　2）B=((x))

3）C=((a), ((b), c), (((d))))　　4）D=(x, ((a), b), c)

【解答】

1）head(A)=(a, b), tail(A)=(c, ((d, e), f)), length(A)=3, depth(A)=3。

2）head(B)=(x), tail(B)=( ), length(B)=1, depth(B)=2。

3）head(C)=(a), tail(C)= (((b), c), (((d)))), length(C)=3, depth(C)=4。

4）head(D)=x, tail(D)=(((a), b), c), length(D)=3, depth(D)=3。

值得注意的是，广义表 ( ) 和 (( )) 是不同的，前者为空表，表示其长度为 0；后者长度为 1，可分解得到其表头、表尾均为空表 ( )。

6.2 稀疏矩阵的加法运算实验解答

6.2.1 实验题目

教材中介绍了有关三元组表的存储结构及其相关运算，这里要求使用另外一种存储表示

方法，即以一维数组顺序存放非零元素的行号、列号和数值，行号为 -1 作为结束标志。例如，对于如图 6-2 所示的稀疏矩阵 *A*，存储在一维数组 B 中的内容为

B[0]=0, B[1]=2, B[2]=3, B[3]=1, B[4]=6, B[5]=5, B[6]=3,

B[7]=4, B[8]=7, B[9]=5, B[10]=1, B[11]=9, B[12]= –1

现假设有两个如上方法存储的稀疏矩阵 *A* 和 *B*（如图 6-3 所示），它们均为 6 行 8 列，分别存放在数组 A 和 B 中，要求编写求矩阵加法即 *C*=*A*+*B* 的算法，*C* 矩阵存放在数组 C 中。

图 6-2　稀疏矩阵 *A*

$$B=\begin{bmatrix}0&2&0&0&0&0&0&0\\0&0&0&4&0&0&0&0\\0&0&0&0&0&6&0&0\\0&0&0&0&8&0&0&0\\0&0&1&0&0&0&0&0\\0&0&0&0&0&0&0&0\end{bmatrix}$$

图 6-3　稀疏矩阵 *B*

6.2.2　设计思想

根据以上设计要求，首先需要解决如何将一个稀疏矩阵对应存储到一个一维数组中，然后在进行矩阵加法运算时依次扫描矩阵 *A* 和 *B* 的行列值，并以行优先，当行列相同时，将第三个元素值相加的和以及行列号三个元素存入结果数组 C 中，不相同时，将 A 或 B 的三个元素直接存入结果数组中。

1. 类的设计

使用模板传输参数，设计一个 *m*n* 的一维数组存储原始稀疏矩阵，将它们转换为对象的数据成员，这样就可以方便地实现加法运算了。

```
template<int MaxSize=100>
class SparseMatrix{
 public:
   SparseMatrix(){data[0]=-1;}
   void init(int ,int ,int *);
   void add(const SparseMatrix<MaxSize>& rhs,SparseMatrix<MaxSize>& ret );
   void print()const;
     //重载运算符
   SparseMatrix& operator=(const SparseMatrix<MaxSize> & m)
   {
       for(int i=0;i<MaxSize;i++)
          data[i]=m.data[i];
       return *this;
   }
   SparseMatrix(const SparseMatrix<MaxSize> & m)
   {
       for(int i=0;i<MaxSize;i++)
          data[i]=m.data[i];
   }

 private:
   int data[MaxSize*3];
};
```

2. 稀疏矩阵的存储

只需用一个二重循环来判断每个矩阵元素是否为零，若不为零，则将其行、列下标及其值存入到对象的数据成员，即一维数组对应的元素中。

```
//转储稀疏矩阵的算法
template<int MaxSize>
void SparseMatrix<MaxSize>::init(int m,int n,int *A)
{
        int k=0;
        for(int i=0;i<m;i++){
            for(int j=0;j<n;j++){
                if(A[i*n+j] != 0){
                    data[k]=i;
                    data[k+1]=j;
                    data[k+2]=A[i*n+j];
                    k=k+3;
                }
            }
        }
        data[k]=-1;//非零元素存储的结束
}
```

3. 稀疏矩阵加法

因为重载了“=”运算符，所以其算法的实现也就比较容易了，具体算法如下：

```
//稀疏矩阵加法
template<int MaxSize>
void SparseMatrix<MaxSize>::add(const SparseMatrix<MaxSize>& rhs,SparseMatrix<MaxSize>& ret )
{
        int i,j,k;
        i=0;j=0;k=0;
        while(data[i] != -1 && rhs.data[j] != -1)
        {
            if(data[i] == rhs.data[j])
            {       //行相等
                if(data[i+1]== rhs.data[j+1])
                { //且列相等
                    ret.data[k]=data[i];
                    ret.data[k+1]=data[i+1];
                    ret.data[k+2]=data[i+2]+rhs.data[j+2];
                    k+=3;
                    i+=3;
                    j+=3;
                }
                else if(data[i+1]<rhs.data[j+1] )
                {//A的列小于B的列，将A的三个元素直接存入C中
                    ret.data[k]=data[i];
                    ret.data[k+1]=data[i+1];
                    ret.data[k+2]=data[i+2];
                    k+=3;
                    i+=3;
                }
                else
                {//B的列小于A的列，将B的三个元素直接存入C中
                    ret.data[k]=rhs.data[j];
                    ret.data[k+1]=rhs.data[j+1];
                    ret.data[k+2]=rhs.data[j+2];
                    k+=3;
                    j+=3;
```

```
            }
        }
        else if (data[i] < rhs.data[j])
        {//A 的行小于 B 的行，将 A 的三个元素直接存入 C 中
                ret.data[k]=data[i];
                ret.data[k+1]=data[i+1];
                ret.data[k+2]=data[i+2];
                k+=3;
                i+=3;
        }
        else
        {//B 的行小于 A 的行，将 B 的三个元素直接存入 C 中
                ret.data[k]=rhs.data[j];
                ret.data[k+1]=rhs.data[j+1];
                ret.data[k+2]=rhs.data[j+2];
                k+=3;
                j+=3;
        }
    }// 循环结束
    if(data[i] == -1)
    {
        while(rhs.data[j] != -1)
        {//A 结束，B 还有元素，将 B 的所有元素直接存入 C 中
            ret.data[k]=rhs.data[j];
            ret.data[k+1]=rhs.data[j+1];
            ret.data[k+2]=rhs.data[j+2];
            k+=3;
            j+=3;
        }
    }
    else
    {
        while(data[i] != -1)
        {//B 结束，A 还有元素，将 A 的所有元素直接存入 C 中
            ret.data[k]=data[i];
            ret.data[k+1]=data[i+1];
            ret.data[k+2]=data[i+2];
            k+=3;
            i+=3;
        }
    }
    ret.data[k]=-1;

}
```

6.2.3 完整的参考程序及运行示例

1. 头文件

类的定义在头文件 shiyan6.h 中。

```
//shiyan6.h
#include<iostream>
using namespace std;

template<int MaxSize=100>
class SparseMatrix{
  public:
    SparseMatrix(){data[0]=-1;}
    void init(int ,int ,int *);
    void add(const SparseMatrix<MaxSize>& rhs,SparseMatrix<MaxSize>& ret );
```

```
    void print()const;

    SparseMatrix& operator=(const SparseMatrix<MaxSize> & m)
    {
        for(int i=0;i<MaxSize;i++)
            data[i]=m.data[i];
        return *this;
    }
    SparseMatrix(const SparseMatrix<MaxSize> & m)
    {
        for(int i=0;i<MaxSize;i++)
            data[i]=m.data[i];
    }

        private:
    int data[MaxSize*3];
};

//转储稀疏矩阵
template<int MaxSize>
void SparseMatrix<MaxSize>::init(int m,int n,int *A)
{
        int k=0;
        for(int i=0;i<m;i++){
            for(int j=0;j<n;j++){
                if(A[i*n+j] != 0){
                    data[k]=i;
                    data[k+1]=j;
                    data[k+2]=A[i*n+j];
                    k=k+3;
                }
            }
        }
        data[k]=-1;// 非零元素存储的结束
}
//稀疏矩阵加法
template<int MaxSize>
void SparseMatrix<MaxSize>::add(const SparseMatrix<MaxSize>& rhs,SparseMatrix<MaxSize>& ret )
{
        int i,j,k;
        i=0;j=0;k=0;
        while(data[i] != -1 && rhs.data[j] != -1)
        {
            if(data[i] == rhs.data[j])
            {       //行相等
                if(data[i+1]== rhs.data[j+1])
                { //且列相等
                    ret.data[k]=data[i];
                    ret.data[k+1]=data[i+1];
                    ret.data[k+2]=data[i+2]+rhs.data[j+2];
                    k+=3;
                    i+=3;
                    j+=3;
                }
                else if(data[i+1]<rhs.data[j+1] )
                {//A的列小于B的列，将A的三个元素直接存入C中
                    ret.data[k]=data[i];
                    ret.data[k+1]=data[i+1];
                    ret.data[k+2]=data[i+2];
                    k+=3;
                    i+=3;
```

```
            }
            else
            {//B 的列小于 A 的列，将 B 的三个元素直接存入 C 中
                ret.data[k]=rhs.data[j];
                ret.data[k+1]=rhs.data[j+1];
                ret.data[k+2]=rhs.data[j+2];
                k+=3;
                j+=3;
            }
        }
        else if (data[i] < rhs.data[j])
        {//A 的行小于 B 的行，将 A 的三个元素直接存入 C 中
                ret.data[k]=data[i];
                ret.data[k+1]=data[i+1];
                ret.data[k+2]=data[i+2];
                k+=3;
                i+=3;
        }
        else
        {//B 的行小于 A 的行，将 B 的三个元素直接存入 C 中
                ret.data[k]=rhs.data[j];
                ret.data[k+1]=rhs.data[j+1];
                ret.data[k+2]=rhs.data[j+2];
                k+=3;
                j+=3;
        }
    }// 循环结束
    if(data[i] == -1)
    {
        while(rhs.data[j] != -1)
        {//A 结束，B 还有元素，将 B 的所有元素直接存入 C 中
            ret.data[k]=rhs.data[j];
            ret.data[k+1]=rhs.data[j+1];
            ret.data[k+2]=rhs.data[j+2];
            k+=3;
            j+=3;
        }
    }
    else
    {
        while(data[i] != -1)
        {//B 结束，A 还有元素，将 A 的所有元素直接存入 C 中
            ret.data[k]=data[i];
            ret.data[k+1]=data[i+1];
            ret.data[k+2]=data[i+2];
            k+=3;
            i+=3;
        }
    }
    ret.data[k]=-1;
}
```

2. 主函数的设计

```
#include "shiyan6.h"
int main()
{
    const int m=6,n=8,max=50;  //按例子定义 m 和 n
    int A[m*n],B[m*n];
    cout<<"请输入 A 数组的内容："<<endl;
    for(int i=0;i<m;i++)
```

```
        for(int j=0;j<n;j++)
            cin>>A[i*n+j];
    cout<<"请输入B数组的内容: "<<endl;
    for(i=0;i<m;i++)
        for(int j=0;j<n;j++)
            cin>>B[i*n+j];
    SparseMatrix<max> smA,smB, smC;
    smA.init(m,n,A);
    smB.init(m,n,B);
    smA.add(smB,smC);
    cout<<"A数组整理后的内容为: "<<endl;
    smA.print();
    cout<<"B数组整理后的内容为: "<<endl;
    smB.print();
    cout<<"求和后C数组的内容为: "<<endl;
    smC.print();
    return 0;
}
```

3. 运行示例

下面给出输入所给 A 和 B（图中的原始矩阵）的值运行的过程。

```
请输入A数组的内容:
0 0 3 0 0 0 0 0
0 0 0 0 0 0 5 0
0 0 0 0 0 0 0 0
0 0 0 0 7 0 0 0
0 0 0 0 0 0 0 0
0 9 0 0 0 0 0 0
请输入B数组的内容:
0 2 0 0 0 0 0 0
0 0 0 4 0 0 0 0
0 0 0 0 0 6 0 0
0 0 0 0 8 0 0 0
0 0 1 0 0 0 0 0
0 0 0 0 0 0 0 0
A数组整理后的内容为:
0,2,3
1,6,5
3,4,7
5,1,9
B数组整理后的内容为:
0,1,2
1,3,4
2,5,6
3,4,8
4,2,1
求和后C数组的内容为:
0,1,2
0,2,3
1,3,4
1,6,5
2,5,6
3,4,15
4,2,1
5,1,9
```

6.3 广义表课程设计

6.3.1 设计要求

与线性表类似，可以对广义表进行各种运算。由于广义表在结构上较线性表复杂得多，因此，广义表的运算也不如线性表简单。对广义表而言，可以实现广义表的建立、输出、取表头、取表尾、求表的深度等操作。

本设计要求设计一个菜单，使用菜单完成建立广义表、查找结点、输出广义表、取表头、取表尾以及求深度等6项功能。为了容易理解菜单设计方法，本设计没有使用类，读者可以使用类来改写这个程序。

1. 建立广义表

首先提示用户输入广义表字符串，要求构成广义表的合法字符为：大写或小写字母、空格字符、圆括号和逗号，并且设广义表的原子为单个字母，如果输入字符为非法字符能给出错误提示信息。

2. 输出广义表

对给定存储结构的广义表，打印输出其表示格式。

3. 结点的查找

查找数据域值为x的结点。

4. 求广义表表头

按照广义表表头的定义，编写求表头的算法。

5. 求广义表表尾

按照广义表表尾的定义，编写求表尾的算法。

6. 求广义表的深度

求一个表展开后所含括号的层数，它是广义表的一种度量。

6.3.2 广义表的存储结构

由于广义表中的元素本身又可以具有结构，是一种带有层次的非线性结构，因此难以用顺序存储结构表示，通常采用链式存储结构，每个元素可用一个结点表示，结点结构如图6-4所示。

tag	data/slink	link

图6-4 广义表结点结构

每个结点由三个域构成。其中，tag是一个标志位，用来区分当前结点是原子还是子表，当tag为零值时，该结点是子表，第二个域为slink，用以存放子表的地址；当tag为1时，该结点是原子结点，第二个域为data，用以存放元素值。link域用来存放与本元素同一层的下一个元素对应结点的地址，当该元素是所在层的最后一个元素时，link的值为NULL。广义表及结点类型描述如下：

```
typedef enum{atom,list}NodeTag;     //atom=0，表示原子；list=1，表示子表
typedef struct GLnode {
    NodeTag tag;                     //用以区分原子结点和表结点
    union {
      DataType data;                 //用以存放原子结点值，其类型由用户自定义
      GLnode * slink;                //指向子表的指针
```

```
    };
    GLnode * link;              //指向下一个表结点
  }GLNode,* Glist;              //广义表结点及广义表类型
```

6.3.3 广义表的基本算法

根据设计要求，除了主控函数之外，还需要实现广义表的六种操作功能，因此要设计六个算法。除此之外，还要设计完成菜单选择的相应函数。

1. 建立广义表

通过用户输入的广义表表达式建立相应的广义表，并且边输入边建立。

基本思想是：在广义表表达式中，遇到左括号“(”时递归构造子表，否则构造原子结点；遇到逗号时递归构造后续广义表，直到表达式字符串输入结束（假设结束符为“;”）。下面给出函数 CreatGList 的算法描述。

```
Glist void CreatGList(Glist &GL)
{
    读入广义表的一个字符给 ch;
    if(ch ! = 空格 )
    {   建立一个新结点 ;
        if(ch=='(')
           递归调用构造子表 ;
        else
           构造原子结点 ;
    }
    读表达式中一字符到 ch;
    if(ch==',')递归构造后续广义表 ;
    else  表示遇到 ')' 或结束符 ';' 时，无后续表 ;
    return GL;
 }
```

2. 输出广义表

输出广义表采用的算法思想是：若遇到 tag=1 的结点，是一个子表的开始，先打印输出一个左括号“(”。如果该子表为空，则输出一个空格符，否则递归调用输出该子表。子表打印输出完后，再打印一个右括号“)”。若遇到 tag=0 的结点，则直接输出其数据域的值。若还有后续元素，则递归调用打印后续每个元素，直到遇到 link 域为 NULL。下面给出该函数的算法描述。

```
void PrintGList(Glist GL)
{
    if(GL!=NULL){
       if(GL->tag==list)
       {  输出左括号 '(';
          if(GL->slink==NULL)输出一个空格 ;
          else 递归调用输出子表 ;
       }
       else 输出结点数据域值 ;
       if(GL->tag==list)打印右括号 ')';
       if(GL->link!=NULL)输出逗号 ','; 递归调用输出下一个结点 ;
    }
}
```

3. 结点的查找

在给定的广义表中查找数据域为 x 的结点，采用的算法思想是：若遇到 tag=0 的原子结点，如果是要找的结点，则查找成功；否则，若还有后续元素，则递归调用本过程查找后续元

素，直到遇到link域为NULL的元素；若遇到tag=1的结点，则递归调用本过程在该子表中查找，若还有后续元素，则递归调用本过程查找后续每个元素，直到遇到link域为NULL的元素。

设f(p,x)为查找函数，当查找成功时返回true，否则返回false，则有如下递归模型：

f(p,x)=true　　若p->tag=0且p->data=x

f(p,x)=f(p->link,x)　　若p->tag=0且p->data $\neq$ x

f(p,x)=f(p->slink,x)或f(p->link,x)　　若p->tag=1

因此，实现上述算法的过程是比较容易的，下面是该函数的原型。

```
void FindGlistX(Glist GL,DataType x,int &mark);
```

4. 求广义表表头

广义表的表头指的是该广义表的第一个元素，其算法描述如下：

```
Glist head(Glist GL)
{
   if(GL 不为空表并且不只是原子)
     返回 GL 中指向子表的指针;
}
```

5. 求广义表表尾

广义表的表尾指的是除去该广义表的第一个元素后的所有剩余部分，实现这个算法的过程描述如下：

```
Glist tail(Glist GL)
{
   if(表不为空表并且有表尾)
       保存指向表尾的指针，删除广义表第一个元素;
}
```

6. 求广义表的深度

假设广义表是一个无共享子表的非递归表，求其表深度的算法思想是：扫描广义表的第一层的每个结点，对每个结点递归调用计算出其子表的深度，取最大的子表深度，然后加1即为广义表的最大深度，其递归模型如下：

maxdh(GL)=0，GL为单个元素，即GL->tag==0。

maxdh(GL)=1，GL为空表，即GL->tag==1且GL->slink==NULL。

maxdh(GL)=max(maxdh(GL1), maxdh(GL2), ···, maxdh(GLn))+1，其中，GL=(GL1, GL2, ···, GLn)。

下面给出实现该功能的算法描述。

```
void depth(Glist GL,int &maxdh)
{
   if(广义表不是单个元素并且不为空表)
   循环扫描广义表的第一层的每个结点，
      递归对每个结点求其子表深度，
      找出最大的子表深度，
   直到 GL==NULL 为止;
   子表最大深度加1;
}
```

7. 菜单选择函数

设计一个函数用来输出提示信息和处理输入，这个函数应该返回一个数值cn，以便供switch语句使用。假设函数名为menu_select，参考程序如下：

```
//菜单选择函数
int menu_select( )
{
    char s[2];
    int cn;
    cout<<"\t1. 输出第 1 项的功能信息 \n";
    cout<<"\t2. 输出第 2 项的功能信息 \n";
    cout<<"\t3. 退出程序 \n";
    cout<<"\t 选择 1-3: ";
    for(; ;)
    {
        gets(s);
        cn = atoi (s);
        if(cn<1 || cn>3 )
              cout<<"\n\t 输入错误, 重选 1-3: ";
        else
              break;
    }
    return cn;
}
```

语句“cn=atoi(s);”是为了使输入的字符串转变为数字，以便使 switch 中的 case 语句对应数字 1 ~ 3。对于不符合要求的输入，将被要求重新输入。

8. 菜单处理函数

如上所述，输入选择用变量 cn 存储，它作为 menu_select 函数的返回值提供给 switch 语句。使用 for 循环实现重复选择，并在函数 handle_menu 中实现。

```
// 菜单处理函数
void handle_menu()
{
    for ( ; ; ){
    switch ( menu_select( ))
    {
           case 1:
                处理第 1 项 ;
                break;
           case 2:
                处理第 2 项 ;
                break;
           case 3:
                cout<<"\t 再见 !\n";
                return;
    }
  ...
```

实际使用时，只有选择 3，程序才能结束运行。

这里使用 for 循环语句实现菜单的循环选择，为了结束程序的运行，使用 return 语句即可，也可以使用“exit(0);”语句。

6.3.4 算法实现

根据上述算法分析，在 CreatGList.h 中声明结构和函数原型，在 CreatGList.cpp 中定义函数和主函数。

1. 头文件

```
//CreatGList.h
typedef char DataType;                  //定义原子数据类型
```

```
typedef enum{atom,list}NodeTag;                  //atom=0,表示原子;list=1,表示子表
typedef struct GLnode {
   NodeTag tag;                                  //用以区分原子结点和表结点
   union {
      DataType data;                             //用以存放原子结点值，其类型由用户自定义
      struct GLnode * slink;                     //指向子表的指针
   };
   struct GLnode * link;                         //指向下一个表结点
}GLNode,* Glist;                                 //广义表结点及广义表类型
//声明函数原型
Glist CreatGList(Glist);
void PrintGList(Glist);
void FindGlistX(Glist,int*);
Glist head(Glist);
Glist tail(Glist);
void depth(Glist,int*);
void handle_menu(void);
int menu_select( );
```

2. 主文件

```
//CreatGList.cpp
#include<stdio.h>
#include<iostream>
using namespace std;
#include "CreatGList.h"                          //包含自定义头文件
Glist p;                                         //定义全局变量
//建立广义表函数
Glist CreatGList(Glist GL)
{
   char ch;
   scanf("%c",&ch);
   if(ch!=' ')
   {

      if(ch=='(')
      {
         GL->tag=list;
         GL->slink=new(GLNode);
         GL->slink=CreatGList(GL->slink);    //递归调用构造子表
      }
      else
      {  //构造原子结点
         GL->tag=atom;
         GL->data=ch;
      }
   }
   else
      GL=NULL;
   scanf("%c",&ch);
   if(GL!=NULL)
      if(ch==',')
      {
        GL->link=new(GLNode);
        GL->link=CreatGList(GL->link);       //递归构造后续广义表
      }
      else
        GL->link=NULL;                       //表示遇到')'或结束符';'时，无后续表
   return GL;
}
//输出广义表函数
```

```
void PrintGList(Glist GL)
{   if(GL!=NULL){
      if(GL->tag==list)
      {  cout<<"(";
         if(GL->slink==NULL)cout<<" ";
         else PrintGList(GL->slink);          //递归调用输出子表
      }
      else cout<<GL->data;                     //输出结点数据域值
      if(GL->tag==list)  cout<<")";
      if(GL->link!=NULL)
      {
         cout<<",";
         PrintGList(GL->link);                 //递归调用输出下一个结点
      }
   }
}
//广义表查找函数
void FindGlistX(Glist GL,DataType x,int *mark)
{  //调用广义表 GL 所指向的广义表，mark=false,x 为待查找的元素值，
   //若查找成功，mark=true,p 指向数据域为 x 的结点
   if(GL!=NULL){
     if(GL->tag==0 && GL->data==x){            //p 为全局变量
         p=GL;
         *mark=1;
     }
     else
       if(GL->tag==1)FindGlistX(GL->slink,x,mark);
          FindGlistX(GL->link,x,mark);
   }
}
//求广义表表头 head(Glist GL)
Glist head(Glist GL)
{   Glist p,P1;
    P1=GL;
    if(P1!=NULL && P1->tag!=0)
    {   //不为空表并且不只是原子
        p=P1->slink;
        p->link=NULL;
        return p;                              // 返回 GL 中指向子表的指针
    }
    else  return NULL;
}
//求广义表表尾 tail(Glist GL)
Glist tail(Glist GL)
{  Glist p;
   if(GL!=NULL && GL->tag!=0)
   {  //表不为空表并且有表尾
          p=GL->slink;
          p=p->link;                           //p 指向第二个元素
          GL->slink=p;                         //删除广义表第一个元素
   }
   return p;
}
//求广义表深度
void depth(Glist GL,int *maxdh)
{  int h;
   if(GL->tag==0)*maxdh=0;                     //说明广义表为单个元素
   else
     if(GL->tag==1 && GL->slink==NULL)
        *maxdh=1;                              //广义表为空表
     else {                                    //进行递归求解
```

```
        GL=GL->slink;                          //进入第一层
        *maxdh=0;
        do {//循环扫描表的第一层的每个结点，对每个结点求其子表深度
            depth(GL,&h);
            if(h>*maxdh)*maxdh=h;              //取最大的子表深度
                GL=GL->link;
        }while(GL!=NULL);
        *maxdh=*maxdh+1;                       //子表最大深度加1
    }
}
//菜单处理函数
void handle_menu(void)
{
    int mark=0;
    char x;
    Glist GL=new(GLNode),GL1;
    for ( ; ; )
    {
      switch ( menu_select( ))
      {
        case 1:
            cout<<"建立指定的广义表：";
            CreatGList(GL);
            cout<<"\n输出广义表：\n";
            PrintGList(GL);
            cout<<endl;
            break;
        case 2:
            cout<<"建立指定的广义表：";
            GL=new(GLNode);
            CreatGList(GL);
            cout<<"输入要查找的数据值(单个字符)：";
            cin>>x;
            mark=0;
            FindGlistX(GL,x,&mark);
            if(mark)
                cout<<"要查找的数据存在表中!\n";
            else
                cout<<"要查找的数据不在表中!\n";
            getchar();
            break;
        case 3:
            cout<<"输入指定的广义表：";
            GL=new(GLNode);
            CreatGList(GL);
            GL1=head(GL);
            cout<<"广义表的表头是：";
            PrintGList(GL1);
            cout<<endl;
            break;
        case 4:
            cout<<"输入指定的广义表：";
            GL=new(GLNode);
            CreatGList(GL);
            GL1=tail(GL);
            cout<<"广义表的表尾是：(";
            PrintGList(GL1);
            cout<<")"<<endl;
            break;
        case 5:
            cout<<"输入指定的广义表：";
```

```
                GL=new(GLNode);
                CreatGList(GL);
                depth(GL,&mark);
                cout<<"广义表的深度是: "<<mark<<endl;
                break;
            case 6:
                cout<<"\t再见! \n";
                return;
        }
    }
}
//菜单选择函数
int menu_select( )
{
    char s[2];
    int cn;
    cout<<"\t1. 建立并输出一个广义表\n";
    cout<<"\t2. 查找指定广义表的数据\n";
    cout<<"\t3. 求指定广义表的表头\n";
    cout<<"\t4. 求指定广义表的表尾\n";
    cout<<"\t5. 求指定广义表的表深度\n";
    cout<<"\t6. 退出程序\n";
    cout<<"\t选择1-6: ";
    for(; ;)
    {
        gets(s);
        cn = atoi (s);
        if(cn<1 || cn>6 )
            printf("\n\t输入错误，重选1-6: ");
        else
            break;
    }
    return cn;
}
//主函数
void main( )
{ handle_menu();}
```

3. 运行示例

```
        1. 建立并输出一个广义表
        2. 查找指定广义表的数据
        3. 求指定广义表的表头
        4. 求指定广义表的表尾
        5. 求指定广义表的表深度
        6. 退出程序
        选择1-6: 5
输入指定的广义表: ((a),((b),c),(((d))))
广义表的深度是: 4
        1. 建立并输出一个广义表
        2. 查找指定广义表的数据
        3. 求指定广义表的表头
        4. 求指定广义表的表尾
        5. 求指定广义表的表深度
        6. 退出程序
        选择1-6: 2
建立指定的广义表: ((a),((b),c),(((d))))
输入要查找的数据值(单个字符): c
要查找的数据存在表中!
        1. 建立并输出一个广义表
        2. 查找指定广义表的数据
```

```
        3. 求指定广义表的表头
        4. 求指定广义表的表尾
        5. 求指定广义表的表深度
        6. 退出程序
        选择 1-6: 2
建立指定的广义表: ((a),((b),c),(((d))))
输入要查找的数据值 ( 单个字符 ): e
要查找的数据不在表中！
        1. 建立并输出一个广义表
        2. 查找指定广义表的数据
        3. 求指定广义表的表头
        4. 求指定广义表的表尾
        5. 求指定广义表的表深度
        6. 退出程序
        选择 1-6: 1
建立指定的广义表: ((A,B),C,((D,E),F))
输出广义表: ((A,B),C,((D,E),F))
        1. 建立并输出一个广义表
        2. 查找指定广义表的数据
        3. 求指定广义表的表头
        4. 求指定广义表的表尾
        5. 求指定广义表的表深度
        6. 退出程序
        选择 1-6: 3
输入指定的广义表: ((A,B),C,((D,E),F))
广义表的表头是: (A,B)
        1. 建立并输出一个广义表
        2. 查找指定广义表的数据
        3. 求指定广义表的表头
        4. 求指定广义表的表尾
        5. 求指定广义表的表深度
        6. 退出程序
        选择 1-6: 4
输入指定的广义表: ((A,B),C,((D,E),F))
广义表的表尾是: (C,((D,E),F))
        1. 建立并输出一个广义表
        2. 查找指定广义表的数据
        3. 求指定广义表的表头
        4. 求指定广义表的表尾
        5. 求指定广义表的表深度
        6. 退出程序
        选择 1-6: 5
输入指定的广义表: ((A,B),C,((D,E),F))
广义表的深度是: 3
        1. 建立并输出一个广义表
        2. 查找指定广义表的数据
        3. 求指定广义表的表头
        4. 求指定广义表的表尾
        5. 求指定广义表的表深度
        6. 退出程序
        选择 1-6: 6
        再见!
```

4. 改进和扩充建议

这些操作都可能破坏原来建立的广义表，所以每次操作都重新建表。请注意分析一下，哪几个操作不需要再建表?

研读一下函数，看看是否可以改进，使操作不破坏原来建立的广义表，从而避免重新建表的过程。

如果要使用类来完成这个课程设计，如何设计这个类?

6.4 评分标准

本章主要是熟悉广义表的概念。由于本设计内容相对来说比较简单，因此，保证程序运行全部正确，才能获得 80 ~ 84 分。

如果学生自己根据实际情况设计出相关的应用或对其中的算法有自己独特的见解，可以考虑给予加分，一般可以加到 85 分以上，但要控制 90 分以上的学生人数。如果学生的程序虽然存在局部问题，但有些地方具有一定的创造性，则可以适当提高成绩，酌情考虑给 75 ~ 79 分。

如果能使用类重新设计这个程序，即使程序存在局部问题，也可以加到 85 分。

如果程序部分不正确，成绩应在 60 ~ 74 分；如果程序几乎完全不正确，则不予及格。

第 7 章 树和二叉树

树结构是一类重要的非线性数据结构，树中结点之间具有明确的层次关系，并且结点之间有分支，它非常类似于真正的树。树结构在客观世界中大量存在，如行政组织机构和人类社会的家谱等都可用树结构形象地表示。在计算机应用领域中，树结构也被广泛地应用。例如，在编译程序中，用树结构来表示源程序的语法结构；在数据库系统中，用树结构来组织信息；在计算机图形学中，用树结构来表示图像关系等。本章首先对树结构的相关知识和算法进行归纳和分析，而后再介绍课程设计。

7.1 重点和难点

本章的学习重点是：熟悉二叉树的定义、性质；熟练掌握二叉树的存储结构、二叉树的遍历；了解最优二叉树的特性，掌握建立最优二叉树和哈夫曼编码的方法。

在树结构中，以二叉树最为重要，本章的重点就是掌握二叉树的遍历算法及有关应用。

本章的难点是编写实现二叉树的各种运算的算法，解决与树或二叉树相关的应用问题以及线索化二叉树的相关问题。

7.1.1 树的概念和术语

1. 树的表示方法

在不同的应用场合，树的表示方法也不尽相同。除树形表示法外，通常还有三种表示方法：嵌套集合表示法、凹形表示法和广义表表示法。其中，树形表示法最为常用。

2. 术语

1）结点的度：一个结点拥有的子树数称为该结点的度。

2）树的度：一棵树中结点的最大度数定义为该树的度。

3）叶结点（或终端结点）：度数为 0 的结点称为叶结点。

4）结点的层数：从根算起，设根的层数为 1，其余结点的层次等于其双亲结点的层数加 1。

5）树的深度：树中结点的最大层数称为树的深度（或高度）。

7.1.2 二叉树概述

1. 二叉树的性质

二叉树有如下两个非常重要的性质：

1）二叉树的第 i 层上的结点数最多为 2^{i-1}（$i \geqslant 1$）。

2）深度为 k 的二叉树至多有 2^k-1 个结点。

满二叉树和完全二叉树是二叉树的两种特殊情形。一棵深度为 k 且有 2^k-1 个结点的二叉树称为满二叉树。若一棵二叉树至多只有最下面的两层上结点的度数小于 2，并且最下层上的结点都集中在该层最左边的若干位置上，则此二叉树称为完全二叉树。

2. 二叉树的存储

二叉树有顺序存储和链式存储（二叉链表）两种存储方式。顺序存储方式有时会产生很大的浪费，如一棵深度为 k 的歪斜树，却需要 $2^k–1$ 个存储分量来存储树。在一棵二叉树中，所有类型为 BinTNode 的结点及一个指向根结点（即开始结点）的 BinTree 型头指针 bt 就构成了二叉树的链式结构，并将其称为二叉链表。在二叉树上的有关运算，一般都是采用链式存储结构。

1）顺序存储：顺序存储一棵二叉树时，首先要对该树中的每个结点进行编号，然后以各结点的编号为下标，把各结点的值对应存储到一维数组中。树中各结点的编号与等深度的完全二叉树中对应位置上结点的编号相同。要注意编号是从 0 开始的。

2）链式存储（二叉链表）：在二叉树的链式存储中，通常采用的方法是在每个结点中设置三个域，即值域、左指针域和右指针域，用 data 表示值域，用 lchild 和 rchild 分别表示指向左、右子树（孩子）的指针域。假设下面是设计的头文件。

```
template<class T>
class BinTNode {
    public:
        BinTNode<T>(){lchild=rchild=0;}    //创建一个空结点
        BinTNode<T>(T e){data=e;lchild=rchild=0;}
        void Visit(){cout<<data<<"  ";}    //访问结点
        int depth(BinTNode<T> *);          //求二叉树的深度
        int Nodenum(BinTNode<T> *);        //求二叉树上的结点数
        BinTNode<T>* MakeBTree();          //生成二叉树
        void PreOrder(BinTNode *);         //前序遍历二叉树
        void InOrder(BinTNode *);          //中序遍历二叉树
        void PostOrder(BinTNode *);        //后序遍历二叉树
        void LevelOrder(BinTNode *);       //使用指针数组按层非递归遍历二叉树
        void Inorder1(BinTNode * bt);      //使用栈的非递归中序遍历
        void Inorder2(BinTNode * bt);      //使用数组指针的非递归中序遍历
        void Preorder1(BinTNode * bt);     //使用栈的非递归前序遍历
     private:
        T data;
        BinTNode<T> * lchild,* rchild;
};
typedef BinTNode<char> * BinTree;          //定义字符类型的二叉链表
```

7.1.3 二叉树的运算

1. 二叉树的遍历

遍历是二叉树最重要的运算之一，是二叉树上进行其他运算的基础。遍历是指沿着某条搜索路线，依次对树中的每个结点访问一次且仅访问一次。

二叉树的定义是递归的，一棵非空的二叉树是由根结点、左子树、右子树这 3 个基本部分组成的，因此遍历一棵非空二叉树的问题可分解为 3 个子问题：访问根结点、遍历左子树和遍历右子树。 根据二叉树上 3 个基本部分访问的先后顺序，分为 3 种遍历方案：前序遍历、中序遍历和后序遍历。显然，遍历左、右子树的子问题和遍历整棵二叉树的问题具有相同的特征，因此很容易写出 3 种遍历的递归算法：

1）前序遍历二叉树：若二叉树非空，则依次访问根结点，前序遍历左子树，前序遍历右子树。

2）中序遍历二叉树：若二叉树非空，则依次中序遍历左子树，访问根结点，中序遍历右子树。

3）后序遍历二叉树：若二叉树非空，则依次后序遍历左子树，后序遍历右子树，访问根结点。

由此可见，二叉树的遍历是以一定的规则将二叉树中的结点排成一个线性序列，在这个线性序列中，每个结点（除第一个和最后一个结点外）有且仅有一个直接前驱和一个直接后继。这也称为非线性结构的线性化。

2. 非递归遍历算法

在教材中一般仅介绍递归的遍历算法，因为此算法简单，但理解起来比较困难。为了加深对遍历的理解，这里将简单地讨论非递归的遍历算法。依照递归算法执行过程中递归工作栈的状态变化状况，很容易写出相应的非递归算法。例如，从中序遍历递归算法的执行过程可知，递归工作栈中包括两项，一项是递归调用的语句编号，另一项则是指向根结点的指针。当栈顶记录中的指针值为非空时，应该遍历左子树，即指向左子树根结点的指针进栈；否则，当栈顶记录中的指针值为空时，则应该退至上一层。此时，若是从左子树返回，则应访问当前栈顶记录中指针所指向的根结点；若是从右子树返回，则说明当前层已遍历结束，继续退栈。由此可以得到两个非递归的中序遍历算法。

1）利用栈的非递归中序遍历算法。

2）用指针数组来实现中序遍历算法。

它们的算法实现见 7.2 节实验参考答案中的成员函数 Inorder1 和 Inorder2。

可以利用栈对二叉链表树实现非递归前序遍历的算法。该算法思想是：利用栈，先将二叉树根结点指针入栈，然后出栈，获取栈顶元素值（即结点指针），若不为空值，则访问该结点，再将右、左子树的根结点指针分别入栈，依次重复出栈、入栈，直至栈空为止。其具体实现见 7.2 节实验参考答案中的成员函数 PreOrder1。

可以使用指针数组按层非递归遍历二叉树。其算法思想是：用指针数组表示队列，若树不空，则先访问二叉树根结点，若根结点有左子树，则将左子树的根结点指针入队，若其有右子树，则将其右子树的根结点入队，再出队，如此下去，直至队列空为止。其具体实现见 7.2 节实验参考答案中的成员函数 LevelOrder 。

【例 7.1】分别写出图 7-1 所示的二叉树的前序、中序、后序和按层遍历序列。

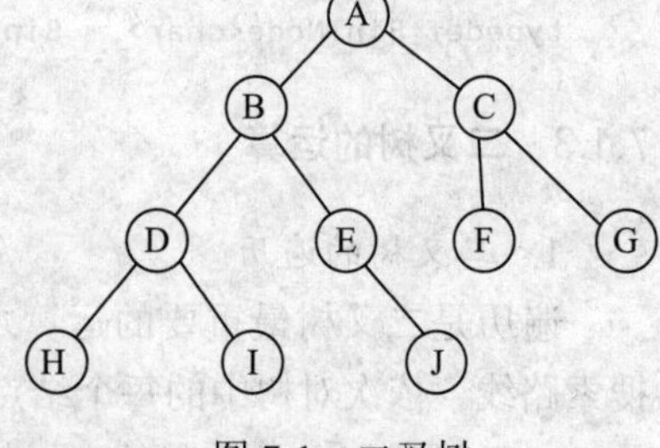

图 7-1 二叉树

前序序列为：ABDHIEJCFG

中序序列为：HDIBEJAFCG

后序序列为：HIDJEBFGCA

按层遍历为：ABCDEFGHIJ

【例 7.2】已知二叉树的顺序存储结构如图 7-2a 所示，要求画出其二叉树，并写出该二叉树的前序、中序和后序的遍历序列。

【分析】二叉树的顺序存储结构是把二叉树的所有结点按照一定的次序存储到一片连续的存储单元中。因此，必须把结点安排成一个适当的线性序列，这就是所谓的非线性结构的线性化。为了能用结点向量中的相对位置来表示结点之间的逻辑关系，也必须按完全二叉树的形式来存储树中的结点，若二叉树不是完全二叉树，就要添加一些实际上并不存在的“虚结点”，用“∅”表示。图 7-2a 就是按这种方法表示的存储结构图，按二叉树的层次顺序（去掉虚结点）即可画出如图 7-6b 所示的二叉树。

下面是二叉树的各种遍历结果：

前序遍历序列：ABDEFCGH

中序遍历序列：DBFEAGHC

后序遍历序列：DFEBHGCA

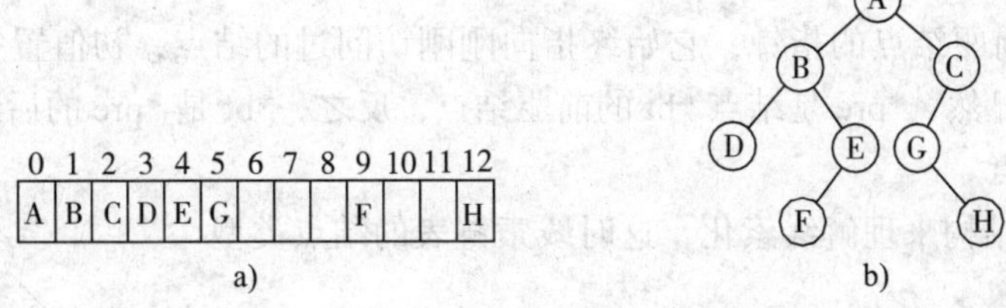

图 7-2　顺序存储结构的二叉树

7.1.4　线索二叉树

从上一小节的讨论中可知，遍历二叉树是以一定的规则将二叉树中的结点排列成一个线性序列，得到二叉树中结点的前序序列、中序序列或后序序列。这实质上是对一个非线性结构的线性化操作，使每个结点（除第一个结点和最后一个结点外）在这个线性序列中有且仅有一个直接前驱和一个直接后继。

但是，当用二叉链表作为二叉树的存储结构时，因为每个结点中只有指向其左、右孩子结点的指针域，所以从任一结点出发只能直接找到该结点的左、右孩子，一般情况下无法直接找到该结点在某种遍历序列中的前驱和后继结点。为此，若在每个结点中增加两个指针域来存放遍历时得到的前驱和后继信息，将大大降低存储空间的利用率。而另一方面，在有 n 个结点的二叉链表中必定存在 n+1 个空指针域，因此可以利用这些空指针域存放指向结点在某种遍历次序下的前驱和后继结点的指针，这种指向前驱和后继结点的指针称为线索，加上线索的二叉链表称为线索链表，相应的二叉树称为线索二叉树。

在一个线索二叉树中，为了区分一个结点的左、右孩子指针域是指向其孩子的指针，还是指向其前驱或后继的线索，可在结点结构中增加两个线索标志域，一个是左线索标志域（用 ltag 表示），另一个是右线索标志域（用 rtag 表示），ltag 和 rtag 只能取值 0 和 1。增加线索标志域后的结点结构如下：

lchild	ltag	data	rtag	rchild

其中：

$$\text{ltag}=\begin{cases}0 & \text{lchild 域指向结点的左孩子}\\ 1 & \text{lchild 域指向结点的前驱}\end{cases}$$

$$\text{rtag}=\begin{cases}0 & \text{rchild 域指向结点的右孩子}\\ 1 & \text{rchild 域指向结点的后继}\end{cases}$$

对一棵二叉树中的所有结点的空指针域按照某种遍历次序加线索的过程称为线索化。那么，如何对二叉树进行线索化呢？只要按某种次序遍历二叉树，在遍历过程中用线索取代空指针即可。中序线索化的具体实现思想是：

1）如果根结点的左孩子指针域为空，则将左线索标志域置 1，同时把前驱结点的指针赋给根结点的左指针域，即给根结点加左线索。

2）如果根结点的右孩子指针域为空，则将右线索标志域置 1，同时把后继结点的指针赋给根结点的右指针域，即给根结点加右线索。

3）将根结点指针赋给存放前驱结点指针的变量，以便当访问下一个结点时，此根结点作为前驱结点。

设 pre 为指向前驱结点的指针，它始终指向刚刚访问过的结点，初值置空；bt 指向当前正在访问的结点。显然，*pre 是结点 *bt 的前驱结点，反之，*bt 是 *pre 的后继结点。bt 初始指向二叉树的根结点。

可以直接使用结构来理解线索化，这时线索链表的结点类型可使用如下定义：

```
typedef struct node {
    DataType data;
    int ltag,rtag;
    struct node *lchild,*rchild;
}BinThrNode;                          // 线索链表结点类型
typedef BinThrNode *BinThrTree;       // 定义线索链表类型
```

图 7-3　一棵二叉树

例如，将图 7-3 所示的二叉树按中序遍历进行线索化，在遍历过程中用线索取代空指针，即可得到如图 7-4 所示的中序线索链表。

如果使用类模板，只要将上述结构定义为类模板的私有数据类型即可。

```
//BinThr.h          定义线索链表的结点类
template<class T>
class BinThrNode {
    public:
        BinThrNode( ){lchild=rchild=0;}                    // 创建一个空结点
        BinThrNode(T e){data=e;lchild=rchild=0;}
        void Visit( ){cout<<data<<"  ";}                   // 访问结点
        BinThrNode<T> * MakeBThrTree();                    // 生成二叉链表
        void InOrderThread(BinThrNode * bt);               // 建中序线索二叉链表
        BinThrNode<T> * InOrderNext(BinThrNode * p);       // 查找中序线索后继结点
        void TinOrderThrTree(BinThrNode * bt);             // 遍历中序线索二叉链表
    private:
        T data;
        int ltag,rtag;
        BinThrNode<T> * lchild,* rchild;
};
typedef BinThrNode<char> * BinThrTree;                     // 定义字符类型的线索二叉链表
```

对比一下就很清楚了，这里不再赘述。

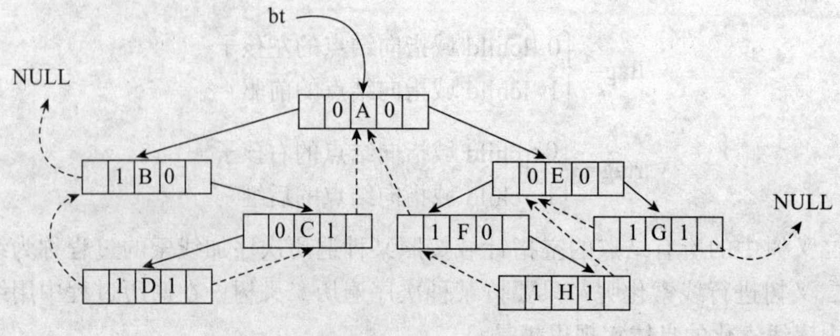

图 7-4　线索二叉链表

7.1.5 树和森林

1. 树的存储结构

常用的树的表示方法有三种：1）双亲表示法；2）孩子表示法；3）孩子兄弟链表表示法。最有用的是孩子兄弟链表表示法，它对于理解二叉树到树、森林的转换是非常重要的。这种存储结构在存储结点信息的同时，只要附加两个分别指向该结点最左孩子和右邻兄弟的指针域 fch 和 nsib，即可得到树的孩子兄弟链表表示。例如，对于图 7-5a 所示的树，按上述类型定义可得到一棵对应的二叉链表树以及相应的二叉树，如图 7-5b 和图 7-5c 所示。

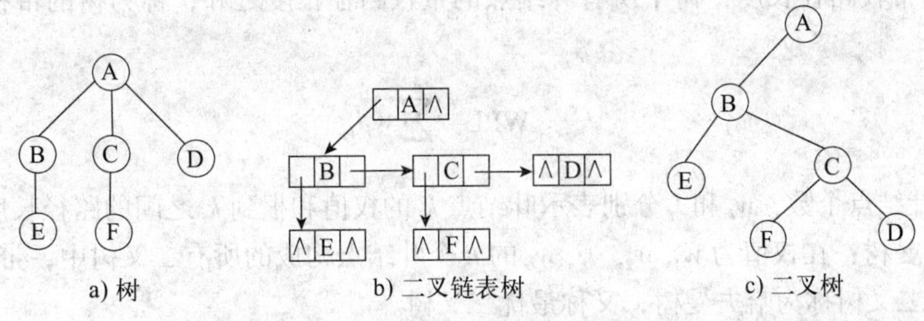

图 7-5 树及其对应的二叉树

2. 树的遍历

在树和森林中，一个结点可以有两棵以上的子树，因此不便讨论它们的中序遍历，但仍然可研究前序遍历和后序遍历。

设有一棵树 T，结点 R 是它的根，根的子树从左到右依次为 $T_1, T_2, \cdots, T_k$。树的两种遍历方法定义如下。

1）前序遍历树 T 的算法思想：若树 T 非空，则访问根结点 R；依次前序遍历根 R 和各子树 $T_1, T_2,\cdots, T_k$。

2）后序遍历树 T 的算法思想：若树 T 非空，则依次后序遍历根 R 和各子树 $T_1, T_2, \cdots, T_k$；访问根结点 R。

注意 前序遍历一棵树恰好等价于前序遍历该树对应的二叉树，后序遍历一棵树恰好等价于中序遍历该树对应的二叉树。

3. 树、森林与二叉树的转换

在树或森林之间有一个自然的一一对应关系，即任何一棵树或一个森林都可唯一地对应一棵二叉树；反之，任何一棵二叉树也能唯一地对应一棵树或一个森林。

要把树或森林转换为二叉树，就必须找到一种结点与结点之间至多用两个量说明的关系。我们知道树中的每个结点至多只有一个最左边的孩子（长子）和一个右邻的兄弟，按照这种关系，只需要按下面的方法即可将一棵树转换成二叉树：首先在所有兄弟结点之间加一道连线；再对每个结点，除了保留长子的连线外，去掉该结点与其他孩子的连线。由于树根没有兄弟，所以转换后的二叉树的根结点的右子树必为空，如图 7-4c 所示。

将一个森林转换为二叉树的方法是：先将森林中的每棵树变为二叉树，然后将各二叉树的根结点看作是兄弟连在一起，就形成了一棵二叉树。

同样，可以把二叉树转换成树或森林，方法是：若结点 x 是双亲 y 的左孩子，则把 x 的右孩子、右孩子的右孩子……都与 y 用连线连起来，最后去掉所有双亲到右孩子的连线即可。

7.1.6 哈夫曼树

1. 基本术语

1）路径和路径长度：若在一棵树中存在着一个结点序列 $k_1, k_2, \cdots, k_j$ 使得 k_i 是 k_{i+1}（$1 \leqslant i \leqslant j$）的父结点，则称该结点序列是从 k_1 到 k_j 的路径。从 k_1 到 k_j 所经过的分支数称为这两点之间的路径长度。

2）结点的权和带权路径长度：树中的结点上赋予的一定意义的实数，称为该结点的权。从根结点到该结点之间的路径长度与该结点上权的乘积称为该结点的带权路径长度。

3）树的带权路径长度：树中所有叶结点的带权路径长度之和，称为树的带权路径长度，记为：

$$\text{WPL}=\sum_{i=1}^{n} w_i l_i$$

其中 n 表示叶结点个数，w_i 和 l_i 分别表示叶结点 k_i 的权值和根到 k_i 之间的路径长度。

4）哈夫曼树：在权值为 $w_1, w_2, \cdots, w_n$ 的 n 个叶结点构成的所有二叉树中，带权路径长度 WPL 最小的二叉树称为哈夫曼树，又称最优二叉树。

2. 构造哈夫曼树

构造哈夫曼树的算法思想如下。

1）与 n 个权值 $\{w_1, w_2, \cdots, w_n\}$ 对应的 n 个结点构成 n 棵二叉树的森林如下：

$$F=\{T_1, T_2, \cdots, T_n\}$$

其中每棵二叉树 T_i 都只有一个权值为 w_i 的根结点，其左、右子树均为空。

2）在森林 F 中选出两棵根结点的权值最小的树作为一棵新树的左、右子树，且置新树的附加根结点的权值为其左、右子树上根结点的权值之和。从 F 中删除这两棵树，同时把新树加入到 F 中。

3）重复 1）和 2），直到 F 中只有一棵树为止，此树便是哈夫曼树。

3. 哈夫曼编码

利用哈夫曼树求得的用于通信的二进制编码称为哈夫曼编码。树中从根到每个叶子都有一条路径，对路径上的各分支约定指向左子树的分支表示“0”码，指向右子树的分支表示“1”码，取每条路径上的“0”或“1”的序列作为和各个叶子对应的字符的编码，就是哈夫曼编码。

通常把数据压缩的过程称为编码，反之，解压缩的过程称为解码。电报通信是传递文字的二进制码组成的字符串。例如，字符串“ABCDBACA”有四种字符，只需要用 2 位二进制码表示：A、B、C、D 分别用 00、01、10、11 表示，那么上述串编码为：0001101101001000，总长为 16 位。译码时两位一分即可。但在信息传递时，希望总长能尽可能短，即采用最短码。如果对每个字符设计长度不等的编码，且让电文中出现次数较多的字符用尽可能短的编码，那么传送电文的总长便可减短。比如，设计字母 A、B、C 和 D 的编码分别为：0、1、00 和 01，则上述 8 个字符的电文可转换成总长为 11 的字符串“01000110001”。这样虽然编码总长短了，但是电文无法译码。例如，编码串的前 4 位“0100”既可以译成“ABAA”，也可以译成“ABC”，还可以译成“CD”等。

因此，若设计一种长短不等的编码，则必须是任一字符的编码都不是另一个字符编码的前缀，这种编码称为前缀编码。

可以利用二叉树来设计二进制的前缀编码。在图 7-6 的二叉树中，左分支表示字符“0”，右分支表示字符“1”，这样就可以利用根结点到叶结点的路径上的分支字符组成的串作为该叶结点的字符编码。因此，可得到字符 A、B、C、D 的二进制前缀编码分别为 0、10、110、111。

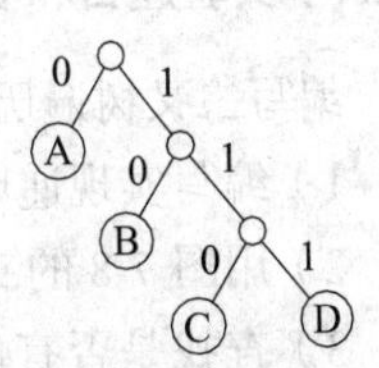

图 7-6 前缀编码树示例

【例 7.3】学生的成绩在 5 个等级上的分布比例如表 7-1 所示，要求编程实现按成绩分 5 个分数段给出每个学生的等级，试以 5、15、40、30 和 10 为权值构造一棵有 5 个叶结点（用 a、b、c、d、e 表示）的哈夫曼树。

表 7-1 学生成绩分布比例表

分数	0 ~ 59	60 ~ 69	70 ~ 79	80 ~ 89	90 ~ 100
比例数	0.05	0.15	0.40	0.30	0.10

【分析】按照构造哈夫曼树的算法，很容易一步一步地得到如图 7-7b 所示的最优二叉树。如果按常规编程实现学生成绩等级的判断，可用下面程序段：

```
if (score<60)dj="bad";
   else if(score<70)dj="pass";
      else if(score<80)dj="general";
         else if(score<90)dj="good";
            else dj="excellent";
```

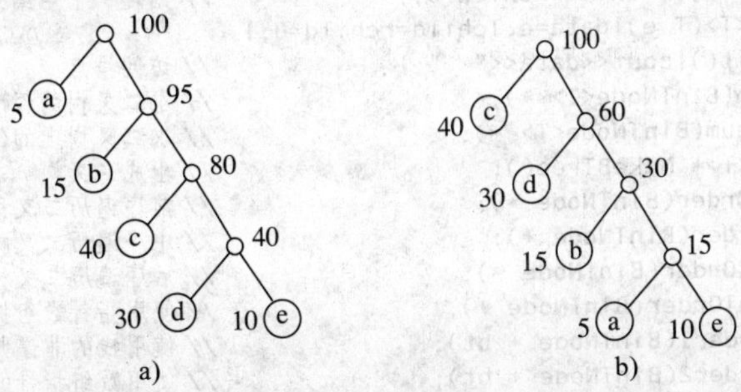

图 7-7 构造哈夫曼树示意图

由此程序段可得到如图 7-7a 所示的二叉判定树，将此二叉树和图 7-7b 表示的二叉树进行比较，它们带权路径的长度分别为：

a) $WPL=30\times4+10\times4+40\times3+15\times2+5\times1=315$

b) $WPL=5\times4+10\times4+15\times3+30\times2+40\times1=205$

另外，用图 7-7b 的二叉判定树来编写程序，然后对两者的执行操作进行比较。假设要输入 10 000 个数据，若按图 7-7a 所示的判定过程进行操作，则需要 31 500 次判断比较；而若按图 7-7b 所示的判定过程进行操作，则需要 22 000 次判断比较。如果输入数据量更大，那么这个差距就会进一步加大，因此，要设计一个好的判定程序，需要按要求去建立相应的哈夫曼树。

7.2 二叉树的遍历与查找算法实验解答

7.2.1 实验题目和要求

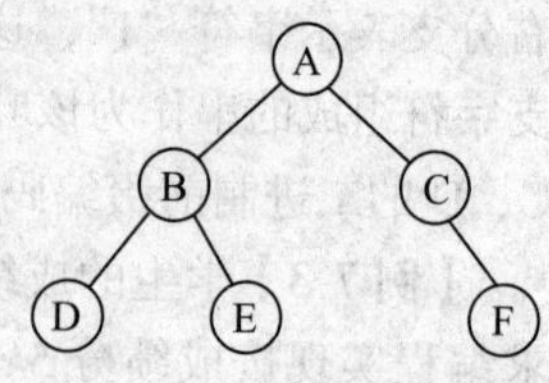

图 7-8 实验数据使用的二叉树结构

编写二叉树遍历与查找算法的实验题目和要求如下：

1）编写实现递归和非递归遍历二叉树的算法。

2）用图 7-8 的二叉树验证算法的正确性。

3）查找是否有值为 C、E 和 H 的结点。如果有，输出结点值及其在二叉树中的层次；如果没有，输出无此结点的信息。

7.2.2 参考答案

对于二叉树的基本操作主要有访问结点、前序遍历、中序遍历、后序遍历和按层遍历等，遍历又分递归和非递归遍历。

1. 二叉树的头文件

下面是为了涵盖上述遍历方法而定义的二叉链表的结点类模板，其中还定义了两个友元函数，分别用来查找指定结点及结点所在的层次。

```
// 完整的递归和非递归遍历算法
// bintree.h
 template<class T>
 class BinTNode {
    public:
       BinTNode<T>(){lchild=rchild=0;}                       // 创建一个空结点
       BinTNode<T>(T e){data=e;lchild=rchild=0;}
       void Visit(){cout<<data<<"  ";}                       // 访问结点
       int depth(BinTNode<T> *);                             // 求二叉树的深度
       int Nodenum(BinTNode<T> *);                           // 求二叉树上的结点数
       BinTNode<T>* MakeBTree();                             // 生成二叉树
       void PreOrder(BinTNode *);                            // 前序遍历二叉树
       void InOrder(BinTNode *);                             // 中序遍历二叉树
       void PostOrder(BinTNode *);                           // 后序遍历二叉树
       void LevelOrder(BinTNode *);                          // 使用指针数组按层非递归遍历二叉树
       void InOrder1(BinTNode * bt);                         // 使用栈的非递归中序遍历
       void InOrder2(BinTNode * bt);                         // 使用数组指针的非递归中序遍历
       void PreOrder1(BinTNode * bt);                        // 使用栈的非递归前序遍历
       friend void FindBT(BinTNode *bt,
                          T x);                              // 查找值为 x 的结点
       friend int Level(BinTNode  * bt,
                 BinTNode * p, int lh);                      // 求一结点在二叉树中的层次
    private:
       T data;
       BinTNode<T> * lchild,* rchild;
};
typedef BinTNode<char> * BinTree;                            // 定义字符类型的二叉链表

// 求二叉树的深度
template<class T>
int BinTNode<T>:: depth(BinTNode<T> *bt)
{
    if(!bt) return 0;
    int lc=depth(bt->lchild);
    int rc=depth(bt->rchild);
    if(lc>rc) return ++lc;
    else return ++rc;
```

```
}
//求二叉树上的结点数
template<class T>
int BinTNode<T>:: Nodenum(BinTNode<T> *bt)
{   static int num=0;
    if(bt){
       num++;
       bt->Nodenum(bt->lchild);
       bt->Nodenum(bt->rchild);
    }
    return num;
}
//生成二叉树
template<class T>
BinTNode<T>* BinTNode<T>::MakeBTree()
{  //Q[1..n]是一个BinTNode类型的指针数组
   int front,rear;char ch;
   BinTNode<char> *Q[50],*s,*bt;
   ch=getchar();
   front=1;rear=0;                                   //初始化队列
   while(ch!='#'){                                   //假设结点值为单字符，#为截止符
      s=NULL;                                        //先假设读入的为虚结点"@"
      if(ch!='@'){
         s=new BinTNode<T>; //申请新结点
         s->data=ch;s->lchild=s->rchild=NULL;   //新结点赋值
      }//endif_1
      rear++;                                        //队尾指针自增
      Q[rear]=s;                                     //将新结点地址或虚结点地址(NULL)入队
      if(rear==1)                                    //若rear为1，则说明是根结点，用bt指向它
         bt=s;
      else {
         if(s!=NULL && Q[front]!=NULL)               //当前结点不是虚结点
            if(rear % 2==0)                          //rear为偶数，新结点应作为左孩子
               Q[front]->lchild=s;
            else
               Q[front]->rchild=s;                   //新结点应作为右孩子
            if(rear % 2 ==1)
               front ++;                             //front指向下一个双亲
      }
      ch=getchar( );                                 //读下一个结点值
   }//endwhile
   return bt;
}
//查找值为x 的结点
BinTree p=NULL;                                      //用全局变量p带回结点地址
template<class T>
void  FindBT(BinTree bt,T x)
{
      if(bt!=NULL)
        if(bt->data==x){
           p=bt;                                     //用全局变量p带回查到的结点的地址
      }
      else {
         FindBT(bt->lchild,x);                       //遍历查找左子树
         FindBT(bt->rchild,x);                       //遍历查找右子树
       }
}
//求一结点在二叉树中的层次
int Level(BinTree bt, BinTree p, int lh)
{   //求一结点在二叉树中的层次
        static int h=0;
```

```
        if(bt==NULL)h=0;
        else if(bt==p)
            h=lh;
        else {
            Level(bt->lchild,p,lh+1);
             if(h==0)
                 Level(bt->rchild,p,lh+1);
        }
        return h;
}

//各种遍历
//递归遍历：前序遍历二叉树
template<class T>
void BinTNode<T>::PreOrder(BinTNode *bt)
{
    if(bt){
        bt->Visit();
        bt->PreOrder(bt->lchild);
        bt->PreOrder(bt->rchild);
    }
}
//递归遍历：中序遍历二叉树
template<class T>
void BinTNode<T>::InOrder(BinTNode *bt)
{
    if(bt){
        bt->InOrder(bt->lchild);
        bt->Visit();
        bt->InOrder(bt->rchild);
    }
}
//递归遍历：后序遍历二叉树
template<class T>
void BinTNode<T>::PostOrder(BinTNode *bt)
{
    if(bt){
        bt->PostOrder(bt->lchild);
        bt->PostOrder(bt->rchild);
        bt->Visit();
    }
}
//非递归遍历：使用指针数组按层遍历二叉树
template<class T>
void BinTNode<T>::LevelOrder(BinTree bt)
{   //按层遍历二叉树，从上到下，从左到右
        BinTNode<T> *Q[20];
        int r=1,f=1;                        //队列的头、尾指针置初值
        while(f<=r){                        //队列为空则退出循环
            if(bt)bt->Visit();              //访问根结点
            if(bt->lchild)Q[r++]=bt->lchild;
             if(bt->rchild)Q[r++]=bt->rchild;
          bt=Q[f++];                        //出队
        }
}
//非递归遍历：利用栈的非递归中序遍历算法
template<class T>
void BinTNode<T>::InOrder1(BinTree bt)
{  //同样采用二叉链表存储结构，并假定结点值为字符型
    SeqStack<BinTNode*> S;
    BinTree p;
```

```
    S.Push(bt);
    while(!S.StackEmpty()){
        while(S.GetTopElem())
           S.Push(S.GetTopElem()->lchild); //一直到左子树空为止
        S.Pop(p);                          //空指针退栈
        if(!S.StackEmpty()){
           S.GetTopElem()->Visit();        //访问根结点
           S.Pop(p);S.Push(p->rchild);     //右子树进栈
        }
    }
}
//非递归遍历：用指针数组实现中序遍历算法
template<class T>
void BinTNode<T>::InOrder2(BinTree bt)
{   //二叉树非递归中序遍历算法
    int top=0;                             //初始化数组
    BinTNode<T> *ST[50];
    ST[top]=bt;                            //ST 为一指针数组
    do {
          while (ST[top]!=NULL){           //扫描根结点及其所有的左结点并将其地址装入数组
                top=top+1;
                ST[top]=ST[top-1]->lchild;
          }
          top=top-1;
          if(top>=0){                      //判断数组中的地址是否访问完
              ST[top]->Visit();            //访问结点
              ST[top]=ST[top]->rchild;     //扫描右子树
          }
     }while(top>=0);
}
//利用栈的非递归前序遍历算法
template<class T>
void BinTNode<T>::PreOrder1(BinTree bt)
{
    SeqStack<BinTNode *> S;                //初始化栈
    S.Push(bt);                            //根结点指针进栈
    while(!S.StackEmpty()){
         S.Pop(bt);                        //出栈
         if(bt!=NULL){
             bt->Visit();                  //访问结点，假设数据域为字符型
             S.Push(bt->rchild);           //右子树入栈
             S.Push(bt->lchild);           //左子树入栈
         }
    }
}
```

2. 顺序栈的头文件

利用栈的非递归中序和前序算法都需要使用顺序栈，顺序栈的头文件定义如下：

```
//seqstack.h
template<class T>
class SeqStack{
    public:
        SeqStack(int MaxStackSize=100);
        ~SeqStack(){delete [] stack;}      //析构函数，释放栈空间
        bool StackEmpty(){return top==-1;}
        bool StackFull(){return top==MaxSize;}
        T GetTopElem();
        void Push(T x);
        void Pop(T &x);
    private:
```

```
        int top;                                    //栈顶指针
        int MaxSize;                                //栈最大下标值
        T *stack;                                   //栈元素指针
};

template<class T>
SeqStack<T>::SeqStack(int MaxStackSize)
{   //构造函数
    MaxSize=MaxStackSize-1;
    top=-1;
    stack=new T[MaxStackSize];
}

template<class T>
T SeqStack<T>::GetTopElem()
{   //返回栈顶元素值
    if(StackEmpty()){
        cout<<"空栈，退出取栈顶元素操作！"<<endl;
        return T(-1);                               //出错标志
    }
    else
        return stack[top];
}

template<class T>
void SeqStack<T>::Push(T x)
{   //元素x入栈
    if(StackFull()){
        cout<<"栈已满，退出入栈操作！"<<endl;
        return;                                     //出错退出
    }
    else
        stack[++top]=x;
}
template<class T>
void SeqStack<T>::Pop(T &x)
{   //删除栈顶元素，值存入x中
    if(StackEmpty()){
        cout<<"空栈，退出删除操作！"<<endl;
        return;                                     //出错退出
    }
    else
        x=stack[top--];
}
```

3. 主文件

```
//shiyan7.cpp
#include<iostream>
using namespace std;
#include "bintree.h"                                //二叉树的头文件
#include "seqstack.h"                               //顺序栈的头文件

void main()
{
    BinTNode<char>BT;
    int lh=1,n=0;
    int *found=&n;                                  //初始化查找标志
    BinTree bt=&BT;
    bt=bt->MakeBTree();
    cout<<"递归中序遍历结果\n";
    bt->InOrder(bt); cout<<endl;                    //递归中序遍历算法
```

```
    cout<<" 利用栈的非递归中序遍历结果 \n";
    bt->InOrder1(bt); cout<<endl;              // 利用栈的非递归中序遍历算法
    cout<<" 用指针数组非递归中序遍历结果 \n";
    bt->InOrder2(bt); cout<<endl;              // 利用指针数组实现非递归中序遍历算法
    cout<<" 递归前序遍历结果 \n";
    bt->PreOrder(bt);cout<<endl;               // 递归前序遍历算法
    cout<<" 利用栈的非递归前序遍历结果 \n";
    bt->PreOrder1(bt);cout<<endl;              // 利用栈的非递归前序遍历算法
    cout<<" 递归后序遍历结果 \n";
    bt->PostOrder(bt);cout<<endl;              // 递归后序遍历算法
    cout<<" 使用指针数组按层非递归遍历结果 \n";
    bt->LevelOrder(bt); cout<<endl;            // 按层非递归遍历二叉树
    cout<<" 查找值为 C，E 和 H 的结点。\n";

    for(char c='C'; c<'H';c=c+2, p=NULL){
        FindBT(bt,c);                          // 查找结点
        if(p!=NULL){
            cout<<" 有结点 ";
            p->Visit();
            cout<<"，结点在二叉树中的层次为 "<<Level(bt,p,lh)
                 <<"。\n";                      // 求结点在二叉树中的层次
        }else{
            cout<<" 无结点 "<<c<<"。"<<endl;
        }
    }
}
```

4. 验证结果

从图 7-8 可知，用 @ 作为虚拟结点，# 作为结束符，得到输入序列为 ABCDE@F#。下面是在运行程序后，输入这个序列的过程及输出结果：

```
ABCDE@F#
递归中序遍历结果
D  B  E  A  C  F
利用栈的非递归中序遍历结果
D  B  E  A  C  F
用指针数组非递归中序遍历结果
D  B  E  A  C  F
递归前序遍历结果
A  B  D  E  C  F
利用栈的非递归前序遍历结果
A  B  D  E  C  F
递归后序遍历结果
D  E  B  F  C  A
使用指针数组按层非递归遍历结果
A  B  C  D  E  F
查找值为 C，E 和 H 的结点。
有结点 C  ，结点在二叉树中的层次为 2。
有结点 E  ，结点在二叉树中的层次为 3。
无结点 G。
```

可以输入其他结构的二叉树进行验证，下面是另一个例子。

```
ABCDEF@@GHI#
递归中序遍历结果
D  G  B  H  E  I  A  F  C
利用栈的非递归中序遍历结果
D  G  B  H  E  I  A  F  C
用指针数组非递归中序遍历结果
D  G  B  H  E  I  A  F  C
递归前序遍历结果
```

```
A  B  D  G  E  H  I  C  F
利用栈的非递归前序遍历结果
A  B  D  G  E  H  I  C  F
递归后序遍历结果
G  D  H  I  E  B  F  C  A
使用指针数组按层非递归遍历结果
A  B  C  D  E  F  G  H  I
查找值为 C，E 和 H 的结点。
有结点 C  ，结点在二叉树中的层次为 2。
有结点 E  ，结点在二叉树中的层次为 3。
有结点 G  ，结点在二叉树中的层次为 4。
```

7.3 查找结点并显示该结点的层次和路径课程设计

7.3.1 设计要求

1）使用 7.2.2 节的二叉链表的结点类模板的头文件，删除友元查找函数 FindBT。

2）增加新的成员函数 FindBT 实现对指定结点的查找算法。

3）增加 NodePath 成员，实现以 bt 指向根结点，p 指向任一给定的结点，给出从根结点到给定结点之间的路径的算法。

4）在文件 find.cpp 中编写主程序，使用图 7-8 的二叉树数据，查找值为 A~G 的结点，显示结点的层次和路径。

7.3.2 设计思想

头文件 bintree.h 中已经有求结点层次的友元函数，所以只要设计查找结点和显示路径的成员函数即可。

1. 实现查找指定结点的成员函数

在实验解答中，查找是使用友元函数 FindBT 实现的。要改用成员函数，将其声明为

```
void FindBT(BinTNode *bt,T x);      //查找值为 x 的结点
```

即可。实现方法与友元函数一样，下面是它的定义。

```
BinTree p=NULL;                       //用全局变量 p 带回结点地址
template<class T>
void BinTNode<T>::FindBT(BinTree bt,T x)
{  //如果没有查到指定结点，全局变量 p=NULL；查到则 p=bt
    if(bt!=NULL){
        if(bt->data==x)p=bt;        //用全局变量 p 带回已经查到的结点的地址
        else{
            FindBT(bt->lchild,x);   //遍历查找左子树
            FindBT(bt->rchild,x);   //遍历查找右子树
        }
    }
}
```

2. 实现输出指定结点路径的成员函数

要输出从根结点到指定结点的路径，不仅要查找结点，还要记录访问的路径。如前所述，查找给定值结点的函数用递归算法实现是非常简单的。当然，在二叉树上无论采用哪种遍历方法，都能够访问遍树中的所有结点。由于访问结点的顺序不同，前序遍历和中序遍历都很难达到设计的要求。但采用后序遍历二叉树是可行的，因为后序遍历是最后访问根结点，按这个顺序将访问过的结点存储到一个顺序栈中，然后再输出即可。

后序遍历的递归算法非常简单，但理解和实现该设计要求是比较困难的，因此这里采用非递归的方法来实现。在非递归后序遍历二叉树 bt 时，当后序遍历访问到结点 p 时，栈 stack 中存放的所有结点均为给定结点 p 的祖先，而由这些祖先便构成了一条从根结点到结点 p 之间的路径。

具体做法是：采用一个栈保存返回的结点，先扫描根结点的左子树的结点并入栈，将一个结点出栈，然后扫描该结点的右结点并入栈，再扫描该右结点的所有左结点并入栈，当一个结点的左、右子树均访问后再访问该结点，并与给定的结点比较，若相等，则输出栈从栈底到栈顶的每个元素值，而这个顺序值就是要求的路径，若不等则继续上述过程。在访问根结点的右子树后，当指针 s 指向右子树树根时，必须记下根结点的地址，以便在遍历右子树之后能正确返回，但在退栈回到根结点时如何区别是从左子树返回还是右子树返回呢？这里采用两个栈 stack 和 tag，并使用同一个栈顶指针，一个栈存放地址值，一个栈存放左、右子树标志（0 为左子树，1 为右子树）。下面给出成员函数 NodePath 的定义。

```
template<class T>
void BinTNode<T>::NodePath(BinTree bt,BinTNode *ch)
{ //求二叉树根结点到给定结点 p 的路径
    typedef enum { FALSE,TRUE } boolean;
    BinTNode * stack[num];    //定义栈
    int tag[num];             //标志数组
    int top,i;
    boolean find;
    BinTNode *s;
    find=FALSE;
    top=0;
    s=bt;
    do {
        while(s!=NULL)
        { //扫描左子树
            top++;
              stack[top]=s;
            tag[top]=0;
              s=s->lchild;
        }
        if(top>0)
        {
            s=stack[top];
            if(tag[top]==1)
            {
                if(s==ch)
                { //找到 ch，则显示从根结点到 ch 之间的路径
                    for(i=1;i<=top;i++)
                        printf(" →%c",stack[i]->data);
                    find=TRUE;
                }
                else
                    top--;
                s=stack[top];
            }
            if(top>0 && !find)
            {
                if(tag[top]!=1){
                        s=s->rchild;    //扫描右子树
                    tag[top]=1;
                }
                else s=NULL;
```

```
                }
            }
        }while(!find && top!=0);
    }
```

7.3.3 参考程序

1. 头文件

将 7.2.2 节的头文件 bintree.h 中的友元函数 FindBT 修改为成员函数的声明，增加求路径的成员函数 NodePath 的声明，即

```
void FindBT(BinTNode *bt,T x);                          //查找值为 x 的结点
void NodePath(BinTNode *bt, BinTNode *ch);              //求指定结点的路径
```

这两个成员函数的定义见前面，这里不再赘述。

2. 主程序文件

在文件 find.cpp 中编写主程序，注意只需要头文件 bintree.h。为了对比访问路径，给出按层输出的结点值序列。

```
//find.cpp
#include<iostream>
using namespace std;
#include "bintree.h"                                    //二叉树的头文件

void main()
{
        BinTNode<char>BT;
        int lh=1;
        BinTree bt=&BT;
        bt=bt->MakeBTree();
        cout<<"输出按层非递归遍历结果\n";
        bt->LevelOrder(bt); cout<<endl;                 //按层非递归遍历二叉树
        cout<<"查找值为 A,B,C,D,E,F,G 的结点。\n";
        for(char c='A'; c<'H';c=c+1,p=NULL){
            bt->FindBT(bt,c);                           //查找结点
            if(p!=NULL){
                cout<<"有结点";
                p->Visit();
                cout<<",结点在二叉树中的层次为"<<Level(bt,p,lh)
                    <<"。\n";                           //求结点在二叉树中的层次
                p->NodePath(bt,p);                      //求结点路径
                cout<<endl;
            }
            else{
                cout<<"无结点"<<c<<"。"<<endl;
            }
        }
}
```

3. 验证结果

输入构成图 7-8 的二叉树数据序列 ABCDE@F#，下面是运行示范和输出结果。

```
ABCDE@F#
输出按层非递归遍历结果
A  B  C  D  E  F
查找值为 A,B,C,D,E,F,G 的结点。
有结点 A,结点在二叉树中的层次为 1。
→A
有结点 B,结点在二叉树中的层次为 2。
```

```
→A→B
有结点C，结点在二叉树中的层次为2。
→A→C
有结点D，结点在二叉树中的层次为3。
→A→B→D
有结点E，结点在二叉树中的层次为3。
→A→B→E
有结点F，结点在二叉树中的层次为3。
→A→C→F
无结点G。
```

7.4 哈夫曼编码课程设计

在信息传递时希望采用最短码。假设每种字符在电文中出现的次数为 W_i，编码长度为 L_i，电文中有 n 种字符，则电文编码总长为 $\sum W_iL_i$。若将此对应到二叉树上，W_i 为叶结点的权，L_i 为根结点到叶结点的路径长度，则 $\sum W_iL_i$ 恰好为二叉树的带权路径长度。因此，设计电文总长最短的二进制前缀编码，就是以 n 种字符出现的频率作为权构造一棵哈夫曼树，此构造过程称为哈夫曼编码。

7.4.1 设计要求

本设计要求是对输入的一串电文字符实现哈夫曼编码，再对哈夫曼编码生成的代码串进行译码，输出电文字符串。要求设计完成如下功能：

1）建立哈夫曼树。

2）生成哈夫曼编码文件。

3）将编码文件译码并输出。

7.4.2 设计哈夫曼树的类

1. 设计 Huffman 类

直接针对哈夫曼树设计一个 Huffman 类。由哈夫曼算法的定义可知，初始森林中共有 n 棵只含有根结点的二叉树。算法的第二步是：将当前森林中的两棵根结点权值最小的二叉树，合并成一棵新的二叉树；每合并 1 次，森林中就减少 1 棵树，产生 1 个新结点。显然要进行 n–1 次合并，所以共产生 n–1 个新结点，它们都是具有两个孩子的分支结点。由此可知，最终求得的哈夫曼树中共有 2n–1 个结点，其中 n 个叶结点是初始森林的 n 个孤立结点。并且，哈夫曼树中没有度数为 1 的分支结点。

根据这些情况，为类设计结构 HTNode 和 CodeNode，它们用来描述哈夫曼树的存储结构。

```
const int n=100;                        //叶结点数
typedef struct {
    float weight;                       //权值
    int lchild,rchild,parent;           //左、右孩子及双亲指针
}HTNode;                                //树中结点类型

typedef struct {
    char ch;                            //存放编码的字符
    char bits[n+1];                     //存放编码位串
    int len;                            //编码长度
}CodeNode;
```

用这两个结构产生指针作为类的数据成员，即

```
HTNode * HT;
CodeNode *HC;
```

虽然可用一个大小为 2*n*–1 的一维数组来存储哈夫曼树中的结点，但这样会造成内存的浪费。假设电文中仅含有大写字母，可以根据电文字符串中有多少种字符，申请相应的动态内存来解决这个问题。为类设计一个整数计数器 num，在类的构造函数里根据 num 申请动态内存，即

```
HC=new CodeNode[num+1];              //申请编码动态存储空间
HT=new HTNode[2*num];                //申请结点动态存储空间
```

问题是：如何确定 num？这可以设计一个成员函数 jsq，它用产生类的实例的字符串作为参数，统计这个字符串中字符的种类，即计算出 num 值。

为了产生哈夫曼编码，也需要统计字符串中各种字母的个数并计算它们的权值，这些功能都使用 jsq 成员函数完成。

按照假设，电文字符串全是大写字母，算法的实现思想是：先定义一个含有 26 个元素的临时整型数组，用来存储各种字母出现的次数。因为大写字母的 ASCII 码与整数 1~26 之间相差 64，因此在算法中使用字母减 64 作为统计数组的下标对号入座，无须循环判断来实现，从而提高了效率。另外，要求出电文字符串中有多少种字符，并保存这些字符以供编码时使用，统计和保存都比较容易，用一个循环来判断先前统计好的各类字符个数的数组元素是否为零，若不为零，则将其值存入一个数组对应的元素中，同时将其对应的字符也存入另一个数组的元素中。下面是它的定义。

```
void Huffman::jsq(char *s,int cnt[],char str[])
{   //统计字符串中各种字母的个数以及字符的种类
    //输入：字符串 S
    //输出：cnt 权值数组 str 存入对应的字母
    // num=0; //字符种类置初值
      char *p;
      int i,j,k;
      int temp[27];
      for(i=1;i<=26;i++)
              temp[i]=0;
      for(p=s;*p!='\0';p++)
      { //统计各种字符的个数
         if(*p>='A' && *p<='Z'){
                k=*p-64;
                temp[k]++;
         }
      }
      j=0;
      for(i=1,j=0;i<=26;i++)          //统计有多少种字符
          if(temp[i]!=0){
              j++;
              str[j]=i+64;              //将对应的字母送到数组中
            cnt[j]=temp[i];             //存入对应字母的权值
          }
      num=j;
}
```

因为仅供构造函数调用，所以设计为类的私有函数。下面是类的构造函数的定义。

```
Huffman::Huffman(char st[])
{   //构造函数，分配树空间并初始化
    //调用 jsq 成员函数，统计字符串中各种字母的个数以及字符的种类
```

```
    // 置种类计数器 num, 把权值存入 cnt 数组
    // 把对应的字母存入 str 数组
    jsq(st,cnt,str);                                    // 计算 num, cnt[] str[]
    HC=new CodeNode[num+1];                             // 申请编码动态存储空间
    HT=new HTNode[2*num];                               // 申请结点动态存储空间
    for(int i=1;i<=2*num-1;i++)
        HT[i].lchild=HT[i].rchild=HT[i].parent=0;   // 初始化 HT
}
```

把 cnt 和 str 声明为全局数组即可，由此可以给出类的声明。

2. Huffman 类的声明

在 Huffman.h 中声明 Huffman 类。

```
//Huffman.h
#include<iostream>
#include <fstream>
using namespace std;
const int n=100;                                  // 叶子结点数
typedef struct {
    float weight;                                 // 权值
    int lchild,rchild,parent;                     // 左、右孩子及双亲指针
}HTNode;                                          // 树中结点类型

typedef struct {
    char ch;                                      // 存放编码的字符
    char bits[n+1];                               // 存放编码位串
    int len;                                      // 编码长度
}CodeNode;
char str[27];                                     // 存储字符
int cnt[27];                                      // 字符对应的权值
class Huffman {
    public :
        Huffman(char st[]);                       // 构造函数
        ~Huffman(){delete [] HT;}                 // 析构函数，释放树空间
        void ChuffmanTree(int cnt[],char str[]);  // 产生哈夫曼树结点表 HT
        void select(int,int &s1,int &s2);         // 选择 parent 为 0 且权值最小的两个根结点
        void HuffmanEncoding();                   // 求哈夫曼编码表 HC
        void coding(char *str);                   // 根据需要编码的字符串和 HC，产生编码文件
        void decode();                            // 将编码文件译码输出
    private:
        void jsq(char *s,int cnt[],char str[]);   // 统计字符串中各种字母的个数以及字符的
                                                  // 种类和权值
        int num;                                  // 字符种类
        HTNode * HT;                              // 哈夫曼树结点表指针
        CodeNode *HC;                             // 哈夫曼编码表指针
};
```

3. Huffman 类的定义

仍然在头文件 Huffman.h 中定义类的成员函数。

```
//Huffman.h
// 构造函数
Huffman::Huffman(char st[])
{   // 构造函数，分配树空间并初始化
    // 调用 jsq 成员函数，统计字符串中各种字母的个数以及字符的种类
    // 置种类计数器 num, 把权值存入 cnt 数组，把对应的字母存入 str 数组
    jsq(st,cnt,str); // 计算 num, cnt[] str[]
     HC=new CodeNode[num+1];                      // 申请编码动态存储空间
      HT=new HTNode[2*num];                       // 申请结点动态存储空间
      for(int i=1;i<=2*num-1;i++)
        HT[i].lchild=HT[i].rchild=HT[i].parent=0; // 初始化 HT
}
```

```
//统计函数
void Huffman::jsq(char *s,int cnt[],char str[])
{      //统计字符串中各种字母的个数以及字符的种类
       //输入: 字符串 S
       //输出: cnt 权值数组 str 存入对应的字母
       // num=0; //字符种类置初值
       char *p;
       int i,j,k;
       int temp[27];
       for(i=1;i<=26;i++)
         temp[i]=0;
       for(p=s;*p!='\0';p++)
       { //统计各种字符的个数
          if(*p>='A' && *p<='Z'){
               k=*p-64;
             temp[k]++;
          }
       }
       j=0;
       for(i=1,j=0;i<=26;i++)                    //统计有多少种字符
            if(temp[i]!=0){
              j++;
              str[j]=i+64;                       //将对应的字母送到数组中
              cnt[j]=temp[i];                    //存入对应字母的权值
            }
       num=j;
}
//选择 parent 为 0 且权值最小的两个根结点
void Huffman::select(int k,int &s1,int &s2)
{     //在 HT[1..k] 中选择 parent 为 0 且权值最小的两个根结点
      //其序号分别存储到 s1 和 s2 指向的对应变量中
       int i,j;
       float min1=101;
       for(i=1;i<=k;i++)
          if(HT[i].weight<min1 && HT[i].parent==0){
             j=i;min1=HT[i].weight;
          }
       s1=j; min1=32767;
       for(i=1;i<=k;i++)
           if(HT[i].weight<min1 && HT[i].parent==0 && i!=s1){
                j=i;
                min1=HT[i].weight;
           }
       s2=j;
}
//构造哈夫曼树
void Huffman::ChuffmanTree(int cnt[],char str[])
{//构造哈夫曼树 HT,cnt 中存放每类字符在电文中出现的频率
   //str 中存放电文中不同类的字符
   int i,s1,s2;
   for(i=1;i<=num;i++) //输入 num 个种类的叶结点的权值
       HT[i].weight=cnt[i];
   for(i=num+1;i<=2*num-1;i++)
   {//在 HT[1..i-1] 中选择 parent 为 0 且权值最小的两个根结点,
    //其序号分别为 s1 和 s2
      select(i-1,s1,s2);
      HT[s1].parent=i;HT[s2].parent=i;
      HT[i].lchild=s1;HT[i].rchild=s2;
      HT[i].weight= HT[s1].weight+ HT[s2].weight;//权值之和
   }
   for(i=0;i<=num;i++)//输入字符集中的字符
      HC[i].ch=str[i];
   i=1;
```

```
    while(i<=num)
        printf(" 字符 %c, 次数为: %d\n",HC[i].ch,cnt[i++]);
}
//求哈夫曼编码表
void Huffman::HuffmanEncoding()
{   //根据哈夫曼树HT求哈夫曼编码表HC
    int c,p,i;                          //c和p分别指示HT中孩子和双亲的位置
    char cd[n+1];                       //临时存放编码串
    int start;                          //指示编码在cd中的起始位置
    cd[num]='\0';                       //最后一位放上串结束符
    for(i=1;i<=num;i++){
      start=num;                        //初始位置
      c=i;                              //从叶结点HT[i]开始上溯
      while((p=HT[c].parent)>0){        //上溯到ht[c]是树根为止
      //若HT[c]是HT[p]的左孩子, 则生成代码0, 否则生成代码1
         cd[--start]=(HT[p].lchild==c)? '0' : '1';
         c=p;
      }// end of while
     strcpy(HC[i].bits,&cd[start]);
     HC[i].len=num-start;
   } //end of for
}
//编码文件
void Huffman::coding(char *str)
{ //对str所代表的字符串进行编码, 并写入文件
     int i,j;
     ofstream in;                       //建立输出流 in
     in.open("codefile.txt");           //建立输出流in和codefile.txt之间的关联

     while(*str){
       for(i=1;i<=num;i++)
           if(HC[i].ch==*str){
             for(j=0;j<HC[i].len;j++)
               in<<HC[i].bits[j]; //使用输出流in将字符串流向文件
           }
       str++;
     }
     in.close();
}
//将编码文件译码并输出原码
void Huffman:: decode()
{ //输出代码文件codefile.txt的译码
     static char cd[n+1];
     int i,j,k=0,cjs;
     ifstream out;                      //建立输入流out
     out.open("codefile.txt");          //建立输入流out和codefile.txt之间的关联
     while(!out.eof( ))
     {  cjs=0;
        for(i=0;i<num && cjs==0 && !out.eof( );i++)
        {
           cd[i]=' ';cd[i+1]='\0';
           out.get(cd[i]);             //将文件内容读入数组cd
           for(j=1;j<=num;j++)
              if(strcmp(HC[j].bits,cd)==0)
              {
                 cout<<HC[j].ch;  //输出译码后的内容
                 k++;
                 cjs=1;
              }
        }
     }
     cout<<endl;
}
```

4. 演示主程序和运行示例

```
//Huffman.cpp
#include "Huffman.h"
void main()
{
        char st[254];
        printf("输入需要编码的字符串(假设均为大写字母):\n");
        gets(st);
        Huffman  hf(st);             //统计字符的种类及各类字符出现的频率
        hf.ChuffmanTree(cnt,str);    //建立哈夫曼树
        hf.HuffmanEncoding();        //生成哈夫曼编码
        hf.coding(st);               //建立电文哈夫曼编码文件
        printf("译码后的字符串:\n");
        hf.decode();                 //将编码文件译码，输出原码
}
```

```
输入需要编码的字符串(假设均为大写字母):
LINEARALGEBRAINTRODUCTIONOFCOMPUTERPASCALLANGUGEMICROCOMPUTER
字符 A，次数为：6
字符 B，次数为：1
字符 C，次数为：5
字符 D，次数为：1
字符 E，次数为：5
字符 F，次数为：1
字符 G，次数为：3
字符 I，次数为：4
字符 L，次数为：4
字符 M，次数为：3
字符 N，次数为：4
字符 O，次数为：6
字符 P，次数为：3
字符 R，次数为：6
字符 S，次数为：1
字符 T，次数为：4
字符 U，次数为：4
译码后的字符串:
LINEARALGEBRAINTRODUCTIONOFCOMPUTERPASCALLANGUGEMICROCOMPUTER
```

7.5 评分标准

本章主要是对二叉树的遍历及哈夫曼树、哈夫曼编码等概念进行综合练习。以二叉链表作为存储结构，探讨各种非递归的遍历算法以及求根结点到任意结点的路径；另外，用一个非常实用的电文的编码与译码问题，来加深读者对哈夫曼树和哈夫曼编码等概念的理解。因此，该设计可以作为考查学生学习“树”内容的主要依据。学生还可以在此基础上增加、修改和完善其中未实现的相关功能。本设计的主要目的是综合设计能力的培养，前一部分关于二叉树遍历方面的内容是必须掌握的内容，而后一部分内容也是非常重要的，只要能保证程序运行正确，即可获得 80 ~ 84 分。

如果学生自己在原来的基础上增加部分内容或加以改进，可以考虑给予加分，一般可以加到 85 分以上，但应严格控制 90 分以上的学生人数。比如，我们在电文编码 / 译码部分仅限于电文中含有大写字母，如果扩展其功能，使之能处理任何 ASCII 码字符，或者说能处理任意长的文本文件等，就可以考虑给予加分。如果学生的部分算法程序存在一些问题，但有些地方又进行了一定的改进或完善，则可以适当考虑给 75 ~ 79 分。

如果算法程序部分不正确或调试有问题，一般成绩不能高于 75 分。如果其中两部分程序都有问题或不能正常运行，则不予及格。

第 8 章 图

图是一种复杂的非线性结构。在人工智能、工程、数学、物理、化学、计算机科学等领域，图结构有着广泛的应用。为了课程设计的需要，本章首先从图的概念入手，介绍图的存储结构，讨论图的遍历及有关算法。

本章课程设计使用一个人们熟悉的交通网络咨询系统实例来验证迪杰斯特拉算法和弗洛伊德算法。

8.1 重点和难点

本章的重点是掌握图的邻接矩阵和邻接表两种基本的存储方式，以及在两种存储结构上实现的两种遍历算法。而求最小生成树、求最短路径以及拓扑排序等算法是本章的难点，只要求学生掌握这些算法的基本思想及时间性能。下面对有关知识点进行分析，以帮助读者理解课程设计中的算法和相关知识。

8.1.1 图的基本术语

有关图的一些基本术语定义如下：

1）图：图 G 由两个集合 V 和 E 组成，记为 $G(V, E)$，其中 V 是顶点的有穷非空集合，E 是 V 中的顶点偶对有穷集，这些顶点偶对称为边。通常，$V(G)$ 和 $E(G)$ 分别表示图 G 的顶点集合和边集合。$E(G)$ 也可以为空集，若 $E(G)$ 为空，则图 G 只有顶点而没有边。

2）有向图：对于一个图 G，若边集合 $E(G)$ 为有向边的集合，则称该图为有向图。

3）无向图：对于一个图 G，若边集合 $E(G)$ 为无向边的集合，则称该图为无向图。

4）端点和邻接点：在一个无向图中，若存在一条边 (v_i, v_j)，则称 v_i, v_j 为该边的两个端点，并称它们互为邻接点。

5）起点和终点：在一个有向图中，若存在一条边 $<v_i, v_j>$，则称该边是顶点 v_i 的一条出边，是顶点 v_j 的一条入边；称 v_i 为起始端点（或起点），v_j 为终止端点（或终点）；称 v_i 和 v_j 互为邻接点。

6）度、入度和出度：图中每个顶点的度定义为以该顶点为一个端点的边的数目，记为 $D(v)$。对于有向图，顶点 v 的度分为入度和出度，入度是以该顶点为终点的入边数目，出度是以该顶点为起点的出边数目，顶点的度等于其入度和出度之和。

7）路径和路径长度：在一个无向图 G 中，若存在一个顶点序列 v_p，v_{i1}，v_{i2}，…，v_{im}，v_q，使得（v_p，v_{i1}），（v_{i1}，v_{i2}），…，（v_{im}，v_q）均属于 $E(G)$，则称顶点 v_p 到 v_q 存在一条路径。路径长度是指一条路径上经过的边的数目。

8）简单路径：若一条路径上除了起点和终点可能为同一个顶点外，其余顶点均不相同，那么这条路径称为简单路径。

9）简单回路或简单环：起点和终点相同的简单路径称为简单回路或简单环。

10）连通、连通图：在无向图 G 中，若从顶点 v_i 到顶点 v_j 有路径，则称 v_i 和 v_j 是连通的。若图 G 中的任意两个顶点 v_i 和 v_j 都连通，则称 G 为连通图，否则为非连通图。

11）强连通图：在有向图 G 中，若任意两个顶点 v_i 和 v_j 都连通，即从 v_i 到 v_j 和从 v_j 到 v_i 都存在路径，则称该图是强连通图。

12）权和网络：在一个图中，每条边可以标上具有某种含义的数值，该数值称为该边的权。边上带权的图称为带权图，也称为网络。

8.1.2 图的存储表示方式

图有两种基本的存储方式，即邻接矩阵和邻接表。

1. 邻接矩阵表示法

邻接矩阵是表示顶点之间相邻关系的矩阵。设 $G=(V, E)$ 是具有 n 个顶点的图，则 G 的邻接矩阵是具有如下性质的 n 阶方阵：对每个矩阵元素 $A[i, j]$，若（v_i, v_j）或 $<v_i, v_j>$ 是 $E(G)$ 中的边，则其值为 1，否则其值为 0。

2. 邻接表表示法

对于图 G 中的每个顶点 v_i，把所有邻接于 v_i 的顶点 v_j 链成一个单链表，这个单链表就称为顶点 v_i 的邻接表。邻接表中每个表结点均有两个域：一个是邻接点域，用以存放与 v_i 相邻接的顶点 v_j 的序号 j；另一个是链域，用来把邻接表中 v_i 的所有邻接点链在一起，然后再为每个顶点 v_i 的邻接表设置一个头结点，头结点包括两个域，其中一个是顶点域，用来存放顶点 v_i 的信息，另一个是指针域，它是 v_i 的邻接表的头指针。将所有邻接表的头结点顺序存储在一个向量中，就构成了图 G 的邻接表表示。

显然，对于无向图而言，v_i 的邻接表中每个表结点都对应于与 v_i 相关联的一条边；对于有向图来说，v_i 的邻接表中每个表结点都对应于以 v_i 为始点射出的一条边。因此，我们将无向图的邻接表称为边表，将有向图的邻接表称为出边表，将邻接表的表头向量称为顶点表。有向图还有一种逆邻接表表示法，该方法是为图中的每个顶点 v_i 建立一个入边表，入边表中的每个结点均对应一条以 v_i 为终点（即射入 v_i）的边。因此，应学会画出给定图的邻接表。

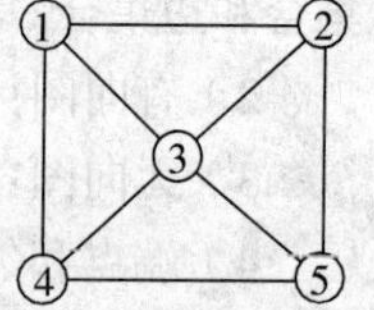

图 8-1 无向图 G

【例 8.1】假设图 G 如图 8-1 所示，试写出该图的邻接矩阵和邻接表。

根据邻接矩阵定义，可得到如下所示的矩阵。

$$A=\begin{bmatrix}0 & 1 & 1 & 1 & 0\\ 1 & 0 & 1 & 0 & 1\\ 1 & 1 & 0 & 1 & 1\\ 1 & 0 & 1 & 0 & 1\\ 0 & 1 & 1 & 1 & 0\end{bmatrix}$$

根据邻接表的定义，建立的邻接表如图 8-2 所示。

【例 8.2】对于图 8-3 所示的有向图，请给出如下问题的解。

1）各顶点的入度和出度。

2）图的强连通分量。

3）邻接矩阵。

4）邻接表和逆邻接表。

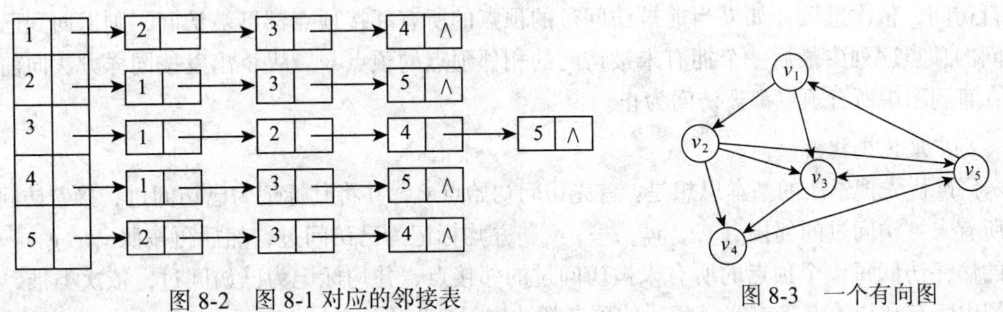

图 8-2　图 8-1 对应的邻接表　　　　图 8-3　一个有向图

【分析】

1）根据有向图顶点 v 的入度和出度定义，入度是以该顶点为终点的入边数目，出度是以该顶点为起点的出边数目，因此给定图的各顶点的入度和出度数如表 8-1 所示。

表 8-1　各顶点的入度和出度

顶点	V_1	V_2	V_3	V_4	V_5
ID(v)	1	1	3	2	2
OD(v)	2	3	1	1	2

2）该图是一个强连通图。

3）该图的邻接矩阵如下所示：

$$\begin{bmatrix} 0 & 1 & 1 & 0 & 0 \\ 0 & 0 & 1 & 1 & 1 \\ 0 & 0 & 0 & 1 & 0 \\ 0 & 0 & 0 & 0 & 1 \\ 1 & 0 & 1 & 0 & 0 \end{bmatrix}$$

4）该图的邻接表（出边表）及逆邻接表（入边表）如图 8-4 所示。

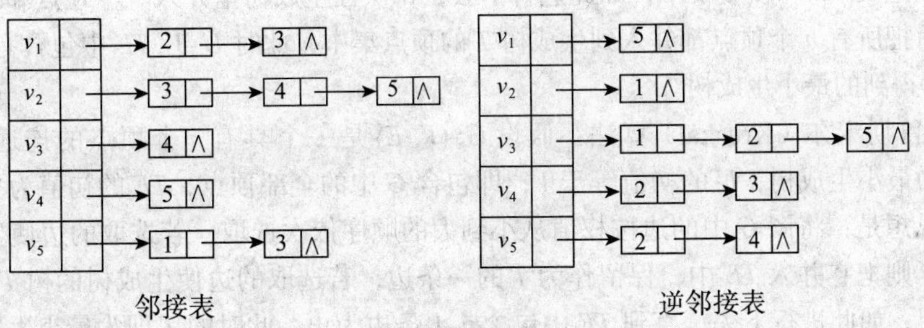

图 8-4　图 8-3 的邻接表和逆邻接表

8.1.3　图的基本运算

图的基本运算有深度优先搜索法、广度优先搜索法、生成最小生成树法和产生最短路径法等。

1. 深度优先搜索

深度优先搜索法的基本思想是：从图 G 中的某个顶点 v_0 出发，访问 v_0，然后选择一个与 v_0 相邻且未被访问过的顶点 v_i 进行访问，再从 v_i 出发选择一个与 v_i 相邻且未被访问的顶点 v_j

进行访问，依次继续。如果当前被访问过的顶点的所有邻接顶点都已被访问，则退回到已被访问的顶点序列中最后一个拥有未被访问的相邻顶点的顶点 w，从 w 出发按同样方法向前遍历，直到图中所有顶点都被访问为止。

2. 广度优先搜索

广度优先搜索法的基本思想是：首先访问初始点 v_0，并将其标记为已访问过，接着访问 v_i 的所有未被访问过的邻接点 v_{i1}，v_{i2}，…，v_{it}，并均标记为已访问过，然后再按照 v_{i1}，v_{i2}，…，v_{it} 的次序访问每一个顶点的所有未被访问过的邻接点，并均标记为已访问过，依次类推，直到图中所有和初始点 v_i 有路径相通的顶点都被访问过为止。

例如，根据图 8-1 所示的图 G，按上述深度优先和广度优先搜索遍历算法思想，可得到该图从顶点 4 开始搜索所得的深度优先搜索（DFS）和广度优先搜索（BFS）遍历序列：

DFS 序列：4，1，2，3，5

BFS 序列：4，1，3，5，2

3. 生成最小生成树

在一个连通图 G 中，如果取它的全部顶点和一部分边构成一个子图 G'，即

$$V(G')=V(G) \text{ 和 } E(G') \subseteq E(G)$$

若边集 $E(G')$ 中的边既将图 G 中的所有顶点连通又不形成回路，则称子图 G' 是原图 G 的一棵生成树。权最小的生成树称为图的最小生成树。

生成最小生成树的算法有两个：普里姆算法和克鲁斯卡尔算法。

1）普里姆（Prim）算法：假设 $G=(V, E)$ 是一个具有 n 个顶点的连通网，$T=(U, TE)$ 是 G 的最小生成树，其中 U 是 T 的顶点集，TE 是 T 的边集，U 和 TE 的初值均为空。算法开始时，首先从 V 中任取一个顶点（假定取 v_1），将它并入 U 中，此时 $U=\{v_1\}$，然后只要 U 是 V 的真子集（即 $U \subset V$），就从那些一个端点已在 T 中另一个端点仍在 T 外的所有边中，找一条最短（即权值最小）边，假定为（v_i, v_j），其中 $v_i \in U$，$v_j \in V-U$，并把该边（v_i, v_j）和顶点 v_j 分别并入 T 的边集 TE 和顶点集 U，如此进行下去，每次往生成树里并入一个顶点和一条边，直到 n-1 次后把所有 n 个顶点都并入到生成树 T 的顶点集中，此时 $U=V$，TE 中包含有 n–1 条边，T 就是最后得到的最小生成树。

2）克鲁斯卡尔（Kruskal）算法：假设 $G=(V, E)$ 是一个具有 n 个顶点的连通网，$T=(U, TE)$ 是 G 的最小生成树，U 的初值等于 V，即包含 G 中的全部顶点，TE 的初值为空集。该算法的基本思想是：将图 G 中的边按权值从小到大的顺序依次选取，若选取的边使生成树 T 不形成回路，则把它并入 TE 中，保留作为 T 的一条边，若选取的边使生成树的树 T 形成回路，则将其舍弃，如此进行下去，直到 TE 中包含 n–1 条边为止，此时的 T 即为最小生成树。

4. 求最短路径

求最短路径一般采用迪杰斯特拉（Dijkstra）算法：设有向图 $G=(V, E)$，其中，$V=\{1, 2, \cdots, n\}$，cost 表示 G 的邻接矩阵，cost[i][j] 表示有向边 <i, j> 的权。若不存在有向边 <i, j>，则 cost[i][j] 的权为无穷大（这里取值为 32 767）。设 S 是一个集合，其中的每个元素表示一个顶点，从源点到这些顶点的最短距离已经求出。设顶点 v_0 为源点，集合 S（红点集）的初态只包含顶点 v_0。数组 dist 记录从源点到其他各顶点当前的最短距离，其初值为 dist[i]=cost[v_0][i]，i=2, …, n。从 S 外的顶点集合 V–S（蓝点集）中选出一个顶点 w，使 dist[w] 的值最小。于是从源点到达 w 只通过 S 中的顶点，把 w 加入集合 S 中，并调整 dist 中记录的从源点到 V–S

中每个顶点 v 的距离：从原来的 dist[v] 和 dist[w]+cost[w][v] 中选择较小的值作为新的 dist[v]。重复上述过程，直到 S 中包含 V 中其余顶点的最短路径。

最终结果是：S 记录了从源点到该顶点存在路径的顶点集合，数组 dist 记录了从源点到 V 中其余各顶点之间的最短路径，path 是最短路径的路径数组，其中 path[i] 表示从源点到顶点 i 之间的最短路径的前驱顶点。

8.1.4 拓扑排序法

一个无环的有向图称为有向无环图，简记为 DAG 图。

顶点表示活动、边表示活动间的先后关系的有向无环图（DAG）称为顶点活动网，简称 AOV 网。在网中，若从顶点 v_i 到顶点 v_j 有一条有向路径，则 v_i 是 v_j 的前驱，v_j 是 v_i 的后继。若 $<i, j>$ 是网中的一条弧，则 v_i 是 v_j 的直接前驱，v_j 是 v_i 的直接后继。

在 AOV 网中，若不存在回路，则所有活动可排成一个线性序列，使得每个活动的所有前驱活动都排在该活动的前面，我们把此序列称为拓扑序列，由 AOV 网构造拓扑序列的过程称为拓扑排序。拓扑排序的步骤如下：

1）在有向图中选一个没有前驱（入度为 0）的顶点，且输出之。

2）从有向图中删除该顶点及与该顶点有关的所有边。

3）重复执行上述步骤，直到全部顶点都已输出或图中剩余的顶点中没有前驱（入度为零）顶点为止。

例如，图 8-5 所示的 AOV 网说明了拓扑算法的拓扑排序过程。圆圈中的数字 i(i=1, 2, …, 6）代表顶点 v_i。

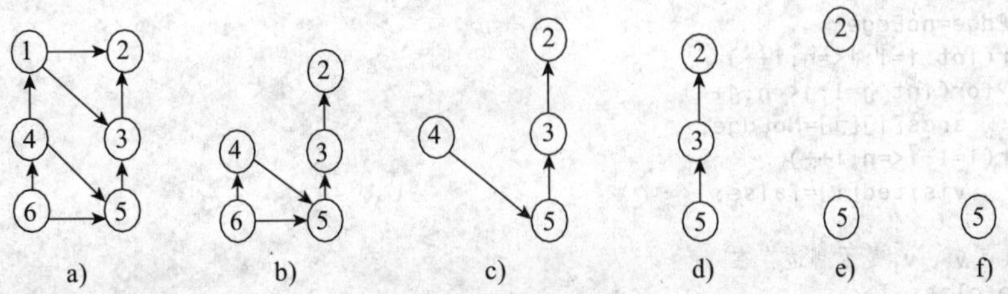

图 8-5 拓扑排序过程

在图 8-5a 中，顶点 v_1 和 v_6 的入度均为 0，可以先输出任何一个。若先输出 v_1，则在删除相应的边后便得到图 8-5b，该图中 v_6 的入度为 0，输出 v_6，则得到图 8-5c，依次类推，直到得到图 8-5f，这时仅有一个入度为 0 的顶点 v_5，输出 v_5 后整个拓扑过程结束。所得的拓扑排序序列为 v_1, v_6, v_4, v_3, v_2, v_5，如果以 v_6 作为第一个输出，可得拓扑排序序列为 v_6, v_1, v_4, v_3, v_2, v_5。

8.2 实现无向网络的最小生成树的普里姆算法实验解答

8.2.1 实验要求

在头文件中实现无向网络的最小生成树的普里姆（Prim）算法，使用图 8-6 所示的无向网络图，在主文件中验证算法并根据输出画出最小生成树。

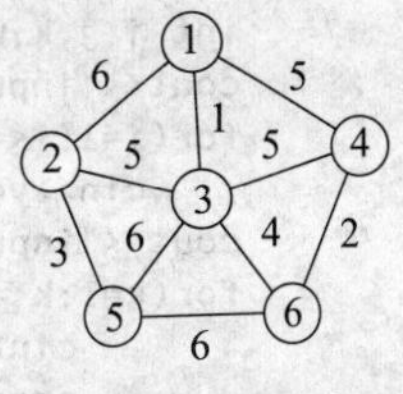

图 8-6 无向网络图

8.2.2 参考答案

1. 头文件

```
//shiyan8.h
#include<iostream>
using namespace std;
#define MaxVertexNum 30
struct {
   int ver;
   int lowcost;
}minedge[MaxVertexNum];                      //从顶点集U到V-U的代价最小的边的辅助数组
template<class T>
class MGraph {
      public :
          MGraph(int Vertices, int edges,T noEdge=0);
          bool Exist(int i,int j);            //判断(i,j)是否为边
          void CreateGraph();                 //建立图的邻接矩阵
          void Prim(int u,int n);             //实现最小生成树算法
      private:
          T NoEdge;
          int n,e;                            //顶点数和边数
          int  vexs[MaxVertexNum];            //顶点信息数组
          bool visited[MaxVertexNum];         //设置访问标记
          T arcs[MaxVertexNum][MaxVertexNum];     //存储邻接矩阵的二维数组
};
//构造函数
template<class T>
MGraph<T>:: MGraph(int Vertices,int edges,T noEdge)
{
     n=Vertices;
     e=edges;
     NoEdge=noEdge;
     for(int i=1;i<=n;i++)
        for(int j=1;j<=n;j++)
          arcs[i][j]=NoEdge;
     for(i=1;i<=n;i++)
          visited[i]=false;
}
//判断顶点vi、vj是否有边存在
template<class T>
bool MGraph<T>::Exist(int i,int j)
{
    if(i<1||j<1||i>n||arcs[i][j]==NoEdge)
       return false;
    else
       return true;
}
//由于无向网的邻接矩阵是对称的，可采用压缩存储，仅存储主对角线以下的元素即可
//建立一个无向网的算法
template<class T>
void MGraph<T>::CreateGraph()
{  //采用邻接矩阵表示法构造无向网G，n、e分别表示图的当前顶点数和边数
   int i,j,k,w;
   cout<<"input the vexs values:\n";
   for(i=1;i<=n;i++)                              //输入顶点信息
       cin>>vexs[i];
   cout<<"input the edge and weight:\n";
   for(k=1;k<=e;k++){                             //读入e条边及其权值，建立邻接矩阵
         cin>>i>>j>>w;                            //读入一条边的两端顶点序号i、j及边上的权w
         arcs[i][j]=w;
         arcs[j][i]=w;
```

```
    }
}
template<class T>
void MGraph<T>::Prim(int u,int n)
{   //采用邻接矩阵存储结构表示图
    int k=u;                              //取顶点u在辅助数组中的下标
    for(int v=1;v<=n;v++)                 //辅助数组初始化
    if(v!=k){
        minedge[v].ver=u;
        minedge[v].lowcost=arcs[k][v];
    }
    minedge[k].lowcost=0;                 //初始，U={u}
    for(int v1=1;v1<=n;v1++){
        int min=32767;k=1;
        for(int j=1;j<=n;j++)  //找一个满足条件的最小边(u,k),u∈U,k∈V-U
        if(minedge[j].lowcost<min && minedge[j].lowcost){
            k=j;
            min=minedge[j].lowcost;
        }
        if(minedge[k].ver!=0){
            cout<<"("<<minedge[k].ver<<","<<vexs[k]<<")";     //输出生成树的边
            minedge[k].lowcost=0;                             //第k个顶点并入U
            for(v=1;v<=n;v++)
            if(arcs[k][v]<minedge[v].lowcost){                //重新选择最小边
                minedge[v].ver=vexs[k];
                minedge[v].lowcost=arcs[k][v];
            }
        }
    }
}
```

2. 主程序文件

```
//shiyan8.cpp
void main()
{
    int i,j;
    cout<<"input the vexs numbers : ";
    cin>>i;
    cout<<"input the edge numbers : ";
    cin>>j;
    MGraph<int> G(i,j,32767);
    G.CreateGraph();
    cout<<"最小生成树的边如下: "<<endl;
    G.Prim(1,6);
    cout<<endl;
}
```

3. 运行示例

```
input the vexs numbers : 6    //输入顶点数
input the edge numbers : 10   //输入边数
input the vexs values:        //输入顶点值
1 2 3 4 5 6
input the edge and weight:    //输入边及其权值
1 2 6
1 3 1
1 4 5
2 3 5
2 5 3
3 4 5
3 5 6
3 6 4
```

```
4 6 2
5 6 6
```

最小生成树的边如下：

```
(1,3)(3,6)(6,4)(3,2)(2,5)
```

由此可以画出如图 8-7 所示的最小生成树。

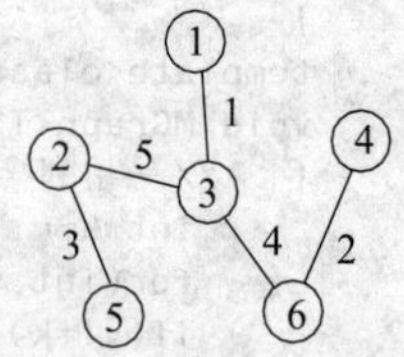

图 8-7 最小生成树

8.3 交通咨询系统课程设计

在交通网络非常发达，交通工具和交通方式不断更新的今天，人们在出差、旅游或做其他出行时，不仅关心节省交通费用，而且对里程和所需要时间等问题更感兴趣。对于这样一个人们关心的问题，可用一个图结构来表示交通网络系统，并利用计算机建立一个交通咨询系统。图中顶点表示城市，边表示城市之间的交通关系。这个交通系统可以回答旅客提出的各种问题。例如，一位旅客要从 A 城到 B 城，他希望选择一条途中中转次数最少的路线。假设图中每一站都需要换车，那么这个问题反映到图上就是要找一条从顶点 A 到 B 所含边的数目最少的路径。人们只需要从顶点 A 出发对图作广度优先搜索，一旦遇到顶点 B 就终止。由此所得的广度优先生成树上，从根顶点 A 到顶点 B 的路径就是中转次数最少的路径，路径 A 与 B 之间的顶点就是路径的中转站数，但这只是一类最简单的图的最短路径问题。

8.3.1 设计要求及分析

设计一个交通咨询系统，能让旅客咨询从任意一个城市顶点到另一城市顶点之间的最短路径（里程）、最低花费或最少时间等问题。对于不同咨询要求，可输入城市间的路程、所需时间或所需费用。

该设计共分三个部分：一是建立交通网络图的存储结构；二是解决单源最短路径问题；三是实现两个城市顶点之间的最短路径问题。

1. 类的设计

要实现设计要求，首先要定义交通图的存储结构。邻接矩阵（adjacency matrix）是表示图形中顶点之间相邻关系的矩阵。设 $G=(V, E)$ 是具有 n 个顶点的图，则 G 的邻接矩阵是具有如下定义的 n 阶方阵：

$$A[i,j]=\begin{cases} w_{ij} & \text{若 } (v_i, v_j) \text{ 或 } \langle v_i, v_j\rangle \in E(G) \\ 0 \text{ 或 } \infty & \text{反之} \end{cases}$$

一个图的邻接矩阵表示是唯一的。表示图的邻接矩阵，除了需要用一个二维数组存储顶点之间相邻关系的邻接矩阵外，通常还需要使用一个具有 n 个元素的一维数组来存储顶点信息，其中下标为 i 的元素存储顶点 v_i 的信息，这些均使用类的数据成员实现。

```
template<class T>
class MGraph {
      public :
        MGraph(int Vertices, int edges,T noEdge=0);
        void CreateGraph(MGraph<T> G);        //建立图的邻接矩阵
        void Dijkstra(MGraph G);              //迪杰斯特拉算法
        void Floyd(MGraph G);                 //弗洛伊德算法
      private:
        T NoEdge;
```

```
    int n,e;                                     //顶点数和边数
    char vexs[MaxVertexNum];                     //顶点信息数组
    bool visited[MaxVertexNum];                  //设置访问标记
    T arcs[MaxVertexNum][MaxVertexNum]; //存储邻接矩阵的二维数组
};
```

2. 单源最短路径

最短路径问题的提法很多，在这里先讨论单源最短路径问题：已知有向图（带权），希望找出从某个源点 $S \in V$ 到 G 中其余各顶点的最短路径。

为了叙述方便，把路径上的开始点称为源点，路径上的最后一个顶点为终点。如何求得给定有向图的单源最短路径呢？迪杰斯特拉（Dijkstra）提出按路径长度递增产生诸顶点的最短路径算法，称为迪杰斯特拉算法。

迪杰斯特拉算法可用自然语言描述如下：

```
初始化 S 和 D，置空最短路径终点集，置初始的最短路径值；
S[v1]=TRUE;D[v1]=0;//S 集初始时只有源点，源点到源点的距离为 0
while( S 集中顶点数 < n)
{
    开始循环，每次求得 v1 到某个 v 顶点的最短路径，并加 v 到 S 集中
    S[v]=TRUE;
    更新当前最短路径及距离；
}
```

3. 任意一对顶点间的最短路径

任意顶点对之间的最短路径问题是，对于给定的有向网络图 $G=(V, E)$，要对 G 中任意一对顶点有序对 v 和 w（$v \neq w$），找出 v 到 w 的最短路径。

要解决这个问题，我们可以依次把有向网络图中的每个顶点作为源点，重复执行前面讨论过的迪杰斯特拉算法 n 次，即可求得每对之间的最短路径。

这里用另外一种方法，称作弗洛伊德（Floyd）算法。其基本思想是：假设求从顶点 v_i 到 v_j 的最短路径。如果从 v_i 到 v_j 存在一条长度为 arcs[i][j] 的路径，该路径不一定是最短路径，还需要进行 n 次试探。首先考虑路径 $<v_i, v_1>$ 和 $<v_1, v_j>$ 是否存在。如果存在，则比较路径 $<v_i, v_j>$ 和 $<v_i, v_1, v_j>$ 的路径长度，取长度较短者为当前所求得的最短路径。该路径是中间顶点序号不大于 1 的最短路径。其次，考虑从 v_i 到 v_j 是否有包含顶点 v_2 为中间顶点的路径 $<v_i, \cdots, v_2, \cdots, v_j>$，若没有，则说明从 v_i 到 v_j 的当前最短路径就是前一步求出的；若有，那么 $<v_i, \cdots, v_2, \cdots, v_j>$ 可分解为 $<v_i, \cdots, v_2>$ 和 $<v_2, \cdots, v_j>$，而这两条路径是前一次找到的中间顶点序号不大于 1 的最短路径，将这两条路径长度相加就得到路径 $<v_i, \cdots, v_2, \cdots, v_j>$ 的长度，将该长度与前一次求出的从 v_i 到 v_j 的中间顶点序号不大于 1 的最短路径比较，取其长度较短者作为当前求得的从 v_i 到 v_j 的中间顶点序号不大于 2 的最短路径。依次类推，直至顶点 v_n 加入当前从 v_i 到 v_j 的最短路径，选出从 v_i 到 v_j 的中间顶点序号不大于 n 的最短路径为止。由于图 G 中的顶点序号不大于 n，所以从 v_i 到 v_j 的中间顶点序号不大于 n 的最短路径，已考虑了所有顶点作为中间顶点的可能性，因此，它就是 v_i 到 v_j 的最短路径。

8.3.2 设计功能的实现

1. 头文件

类的声明和实现均在头文件 k8.h 中。由于有两种算法，所以分别为它们设计全局变量的数组。

```
//k8.h
#include<iostream>
using namespace std;
#define MaxVertexNum 50                                  //最大顶点数
int D2[MaxVertexNum],P2[MaxVertexNum];                   //迪杰斯特拉算法数组
int D1[MaxVertexNum][MaxVertexNum],
        P1[MaxVertexNum][MaxVertexNum];                  //弗洛伊德算法数组
template<class T>
class MGraph {
    public :
        MGraph(int Vertices, int edges,T noEdge=0);
        void CreateGraph(MGraph<T> G);                   //建立图的邻接矩阵
        void Dijkstra(MGraph G);                         //迪杰斯特拉算法
        void Floyd(MGraph G);                            //弗洛伊德算法
    private:
        T NoEdge;
        int n,e;                                         //顶点数和边数
        char vexs[MaxVertexNum];                         //顶点信息数组
        bool visited[MaxVertexNum];                      //设置访问标记
        T arcs[MaxVertexNum][MaxVertexNum];              //存储邻接矩阵的二维数组
};
//构造函数
template<class T>
MGraph<T>:: MGraph(int Vertices,int edges,T noEdge)
{
    n=Vertices;
    e=edges;
    NoEdge=noEdge;
    for(int i=1;i<=n;i++)
        for(int j=1;j<=n;j++)
            arcs[i][j]=NoEdge;
    for(i=1;i<=n;i++)
        visited[i]=false;
}
//建立邻接矩阵
template<class T>
void MGraph<T>::CreateGraph(MGraph<T> G)
{  //采用邻接矩阵表示法构造无向网G, n、e表示图的当前顶点数和边数
   int i,j,k,w;
   cout<<"input the Edge and weight:\n";
   //有向网的邻接矩阵是不对称的，输入所有有向边及其权值即可
   for(k=1;k<=e;k++){  //读入e条边，建立邻接矩阵
      cin>>i>>j>>w;     //读入一条边的两端顶点序号i、j及边上的权w
      arcs[i][j]=w;
   }
}
//迪杰斯特拉算法
template<class T>
void MGraph<T>::Dijkstra(MGraph<T> G)
{   //求有向图G的v1顶点到其他顶点v的最短路径P[v]及其权D[v]
    //设G是有向网的邻接矩阵，若边<i,j>不存在，则G[i][j]=INFINITY
    //F[v]为真当且仅当v∈S，即已求得从v1到v的最短路径
    int v,i,w,min,v1;
    bool S[MaxVertexNum];
    cout<<"输入单源点序号：";
    cin>>v1;
    for(v=1;v<=n;v++){                                   //初始化F和D
       S[v]=false;                                       //置空最短路径终点集
       D2[v]=G.arcs[v1][v];                              //置初始的最短路径值
       if(D2[v]<NoEdge)                                  //NoEdge表示∞
          P2[v]=v1;                                      //v1是v的前驱(双亲)
```

```
        else
           P2[v]=0;                                       //v 无前驱
     }//end_for
    D2[v1]=0;  S[v1]=true;                                //S 初始时只有源点，源点到源点的距离为 0
     //开始循环，每次求得 v1 到某个 v 顶点的最短路径，并加 v 到 S 集中
    for(i=2;i<=n;i++){                                    //其余 n-1 个顶点
        min=NoEdge;                                       //当前所知离 v1 顶点的最近距离
        for(w=1;w<=n;w++)
           if(!S[w]&&D2[w]<min)                           //w 顶点在 V-S 中
           {
              v=w;min=D2[w];
           }                                              //w 顶点离 v1 顶点更近
        S[v]=true;                                        //离 v1 顶点最近的 v 加入 S 集中
        for(w=1;w<=n;w++)                                 //更新当前最短路径及距离
           if(!S[w]&&(D2[v]+G.arcs[v][w]<D2[w])){         //w ∈ V-S
              D2[w]=D2[v]+G.arcs[v][w];
              P2[w]=v;
           }//End_if
     }//end_for
    //输出结果
    printf("路径长度      路径\n");
    for(i=1;i<=n;i++){
        printf("%5d",D2[i]);
        printf("%5d",i);v=P2[i];
        while(v!=0){
           printf("<-%d",v);
           v=P2[v];
        }
        printf("\n");
    }
}
//弗洛伊德算法
template<class T>
void MGraph<T>::Floyd(MGraph G)
{
    int i,j,k,min,v,w;
    min=NoEdge;                                           //当前所知离 v1 顶点的最近距离
    cout<<"输入起点和终点序号：";
    cin>>v>>w;

    for(i=1;i<=n;i++)                                     //设置路径长度 D 和路径 path 初值
       for(j=1;j<=n;j++)
       {
          if(G.arcs[i][j]!=min)
             P1[i][j]=j;                                  //j 是 i 的后继
          else
             P1[i][j]=0;
          D1[i][j]=G.arcs[i][j];
       }
    for(k=1;k<=n;k++)
    {//做 k 次迭代，每次均试图将顶点 k 扩充到当前求得的从 i 到 j 的最短路径 Pij 上
       for(i=1;i<=n;i++)
          for(j=1;j<=n;j++)
          {  if(D1[i][k]+D1[k][j]<D1[i][j]) {
                D1[i][j]= D1[i][k]+D1[k][j];              //修改长度
                P1[i][j]=P1[i][k];
             }
          }
    }
    //输出结果
    k=P1[v][w];                                           //k 为起点 v 的后继顶点
```

```
    if(k==0)
        cout<<v<<" 到 "<<w<<" 无路径 !"<<endl;
    else{
        cout<<" 从 "<<v<<" 到 "<<w<<" 的最短路径是: "<<v;
        while(k!=w){
            cout<<" → "<<k;                    // 输出后继顶点
            k=P1[k][w];                        // 继续找下一个后继顶点
        }
        cout<<" → "<<w<<endl;;                 // 输出终点 w
        cout<<" 路径长度: "<<D1[v][w]<<endl;
    }

}
```

2. 主程序

主程序在 k8.cpp 中，并且设计一个简单的菜单来演示其功能。

```
//k8.cpp
#include "k8.h"
void main()
{
    int i,j,xz=1;
    cout<<" 输入图中顶点个数和边数 n,e:";
    cin>>i>>j;
    MGraph<int> G(i,j,32767);
    G.CreateGraph(G);
    while (xz!=0){
      cout<<"****** 求城市之间的最短路径 ******\n";
      cout<<"=================================\n";
      cout<<"1. 求一个城市到所有城市的最短路径 \n";
      cout<<"2. 求任意的两个城市之间的最短路径 \n";
      cout<<"=================================\n";
      cout<<"  请选择: 1 或 2, 选择 0 退出 : ";
      cin>>xz;
      if (xz==2)
         G.Floyd(G);                  // 调用弗洛伊德算法
      else if(xz==1)
         G.Dijkstra(G);               // 调用迪杰斯特拉算法
      else if(xz==0)
         cout<<" 再见 !"<<endl;
    }
}
```

8.3.3 运行示例

本小节给出两个运行示例。

1. 求有向图的最短路径运行示例

设有如图 8-8 所示的有向图，求顶点 a 到其余顶点的最短路径，分别求顶点 b 到顶点 d 之间以及顶点 a 到顶点 d 之间的最短路径。

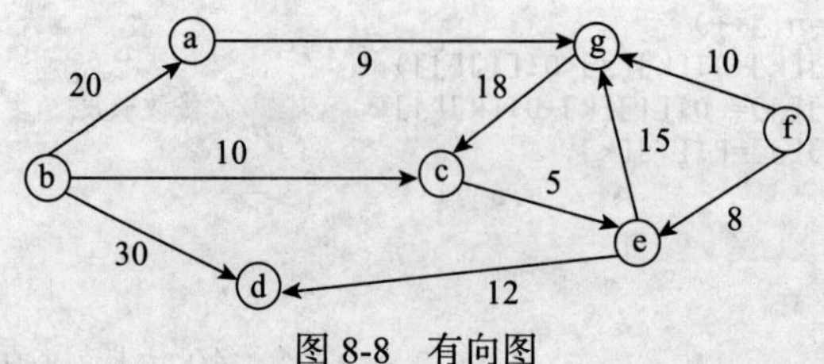

图 8-8 有向图

为了操作方便，在算法中对于图的顶点都是用序号来表示，所以顶点的字母就用其对应的序号来表示：a(1)、b(2)、c(3)、d(4)、e(5)、f(6)、g(7)。下面是运行示例。

```
输入图中顶点个数和边数 n,e:7 10
input the Edge and Weight:
1 7 9
2 1 20
2 3 10
2 4 30
3 5 5
5 4 12
5 7 15
6 5 8
6 7 10
7 3 18
****** 求城市之间的最短路径 ******
==================================
1. 求一个城市到所有城市的最短路径
2. 求任意的两个城市之间的最短路径
==================================
请选择: 1 或 2, 选择 0 退出 : 2
输入起点和终点序号: 1 3
从 1 到 3 的最短路径是: 1→7→3
路径长度: 27
****** 求城市之间的最短路径 ******
==================================
1. 求一个城市到所有城市的最短路径
2. 求任意的两个城市之间的最短路径
==================================
请选择: 1 或 2, 选择 0 退出 : 1
输入单源点序号: 1
路径长度     路径
    0      1
32767      2
   27      3<-7<-1
   44      4<-5<-3<-7<-1
   32      5<-3<-7<-1
32767      6
    9      7<-1
****** 求城市之间的最短路径 ******
==================================
1. 求一个城市到所有城市的最短路径
2. 求任意的两个城市之间的最短路径
==================================
请选择: 1 或 2, 选择 0 退出 : 1
输入单源点序号: 2
路径长度     路径
   20      1<-2
    0      2
   10      3<-2
   27      4<-5<-3<-2
   15      5<-3<-2
32767      6
   29      7<-1<-2
****** 求城市之间的最短路径 ******
==================================
1. 求一个城市到所有城市的最短路径
2. 求任意的两个城市之间的最短路径
==================================
请选择: 1 或 2, 选择 0 退出 : 2
输入起点和终点序号: 2 5
```

```
从 2 到 5 的最短路径是：2→3→5
路径长度：15
****** 求城市之间的最短路径 ******
==================================
1. 求一个城市到所有城市的最短路径
2. 求任意的两个城市之间的最短路径
==================================
请选择：1 或 2，选择 0 退出 ：0
再见！
```

2. 求交通网络图（无向图）的最短路径运行示例

设有如图 8-9 所示的交通网络图，求顶点“北京”到其余各城市之间的最短路径，并分别求“成都”到“上海”之间以及“上海”到“西安”之间的最短路径。同样，为了操作方便，在程序中城市也是用编号来表示的。

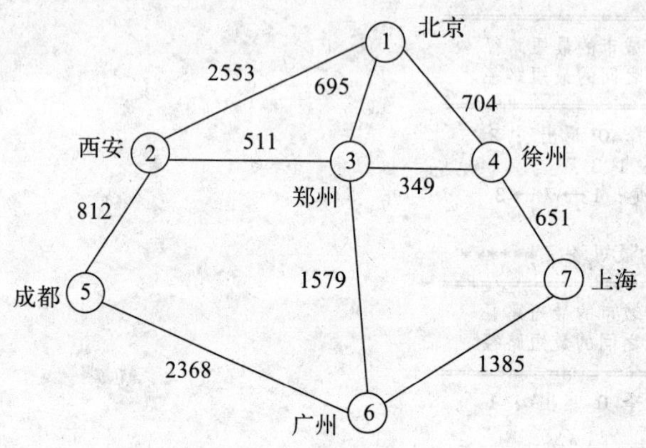

图 8-9　简单的交通网络图

这是模拟的交通网络图，边上的数据代表两地里程。它是一个无向图，为适应前面所给出的结构和算法，假设该图的每条边都是双向的，因此，10 条边的路径长度以及路径都必须从两个方向输入，即等于 20 条边，所以在运行时要输入 20 条边的数据。运行示例如下：

```
输入图中顶点个数和边数 n,e:7 20
input the Edge and Weight:
1 2 2553
2 1 2553
1 3 695
3 1 695
1 4 704
4 1 704
2 3 511
3 2 511
2 5 812
5 2 812
3 4 349
4 3 349
3 6 1579
6 3 1579
4 7 651
7 4 651
5 6 2368
6 5 2368
6 7 1385
7 6 1385
```

```
****** 求城市之间的最短路径 ******
================================
1. 求一个城市到所有城市的最短路径
2. 求任意的两个城市之间的最短路径
================================
请选择: 1 或 2, 选择 0 退出 : 1
输入单源点序号: 1
路径长度      路径
    0     1
 1206     2<-3<-1
  695     3<-1
  704     4<-1
 2018     5<-2<-3<-1
 2274     6<-3<-1
 1355     7<-4<-1
****** 求城市之间的最短路径 ******
================================
1. 求一个城市到所有城市的最短路径
2. 求任意的两个城市之间的最短路径
================================
请选择: 1 或 2, 选择 0 退出 : 2
输入起点和终点序号: 1 5
从 1 到 5 的最短路径是: 1→3→2→5
路径长度: 2018
****** 求城市之间的最短路径 ******
================================
1. 求一个城市到所有城市的最短路径
2. 求任意的两个城市之间的最短路径
================================
请选择: 1 或 2, 选择 0 退出 : 0
再见!
```

8.4 评分标准

本章的课程设计相对而言是比较难的，但却是数据结构这门课程的重点，也是应用非常广泛的一种技术，所以，要特别认真对待。本章主要针对图的存储结构以及最短路径和关键路径等概念进行综合练习。求最短路径部分是以邻接矩阵作为存储结构，而求关键路径则是以邻接表形式存储，其中用到两个重要算法，一个是迪杰斯特拉算法，另一个是弗洛伊德算法，还用到了拓扑排序的技术。因此，该设计可以作为考查学生学习“图”内容的主要依据。本设计的主要目的是综合设计能力的培养，只要能保证程序运行全部正确，即可获得 80 ~ 84 分。

如果学生自己在原来的基础上对课程设计进一步完善，可以考虑给予加分，一般可以加到 85 分以上，但应严格控制 90 分以上的学生数量。如果学生的部分算法程序存在一些问题，但有些地方又进行了一定的改进或有所创新，则可考虑给 75 ~ 79 分。

如果算法程序部分不正确或调试有问题，成绩不能高于 75 分。

第9章 排 序

排序是数据处理中经常使用的一种重要的运算。如何进行排序，特别是如何高效率地排序，是计算机应用研究的重要课题之一。本章是对各种排序方法以实例的形式加以应用。

9.1 重点和难点

为了课程设计的顺利进行，本章在介绍设计之前将重点复习有关内部排序（主要有插入排序、交换排序、选择排序、归并排序及基数排序）的一些常用方法，熟悉其排序思想、排序过程、算法实现、时间和空间性能的分析及各种排序方法的比较和选择。在每类排序方法中，又从简单方法入手，重点讨论性能先进的高效方法，如插入排序类中的希尔排序、交换排序类中的快速排序和选择排序类中的堆排序等。

除了重点掌握常用排序方法之外，还应熟练掌握堆排序，而归并排序和基数排序相对较难。

9.1.1 排序的基本概念

排序就是把一组无序的记录按其关键字的某种次序排列起来，使其具有一定的顺序，便于进行数据查找。学习本章内容时，除了应掌握算法之外，更重要的是了解该算法在进行排序时所依据的原则，这样才能有利于学习和创造更新的算法。如果按排序过程中依据的不同原则对内部排序方法进行分类，则大致可分为插入排序、交换排序、选择排序、归并排序和分配排序五类；如果按内部排序过程中所需的工作量来区分，则可分为以下三类：

1）简单的排序方法，其时间复杂度为 $O(n^2)$。

2）先进的排序方法，其时间复杂度为 $O(n\log_2 n)$。

3）基数排序，其时间复杂度为 $O(d \cdot n)$。

在排序的过程中，通常需要进行两种基本操作：

1）比较两个关键字的大小。

2）改变指向记录的指针或移动记录本身。

待排序记录的存储方式有 3 种：顺序结构、链式存储结构和辅助表。

评价排序算法的标准有两条：算法执行需要的时间和所需要的附加空间。

另外，算法本身的复杂度也是考虑的重要因素之一。而排序的时间开销，主要可以用算法执行中关键字的比较次数和记录移动的次数来衡量。

在本章下面的讨论中，假定排序操作均按递增要求，排序文件以记录作为存储结构，并假定关键字为整数，在 SeqList.h 中定义待排序记录的数据类型及排序文件顺序表类。

```
//SeqList.h
typedef int KeyType;
typedef int InfoType;
typedef struct{
    KeyType key;
```

```
    InfoType otherinfo;
  }RecNode;
  class SeqList {
      public:
        SeqList(int MaxListSize=100);          //构造函数，默认表长为100
        ~SeqList( ){delete[] data;}            //析构函数
        void CreateList(int n);                //顺序表输入
        void InsertSort();                     //插入排序
        void ShellInsert(int dk);              //希尔排序一趟划分
        void SeqList::BubbleSort();            //冒泡排序
        friend void  DbubbleSort(
                SeqList &R,int n);             //双向扫描冒泡排序
        int Partition(int i,int j);            //快速排序一趟划分
        void SelectSort();                     //直接选择排序
        void Sift(int i,int h);                //调整堆
        friend void HeapSort(
                SeqList &R,int n);             //堆排序
        friend void Merge(SeqList &R,SeqList &MR,
            int low,int m,int high);           //二路归并排序
        friend void MergePass(SeqList &R,SeqList &MR,
                    int len,int n);            //一趟归并排序
        void PrintList();                      //输出表
      private:
        int length;                            //实际表长
        int MaxSize;                           //最大表长
        RecNode *data;                         // 结构RecNode的指针
  };
  SeqList ::SeqList(int MaxListSize)
  {   //构造函数，申请表空间
      MaxSize=MaxListSize;
      data=new RecNode[MaxSize+1];
      length=0;
  }
  void SeqList::CreateList(int n)
  {    //建立顺序表
      for(int i=1;i<=n;i++)
          cin>>data[i].key;
      length=n;
  }
  void SeqList::PrintList( )
  {   //顺序表输出
      for(int i=1;i<=length;i++)
          cout<<data[i].key<<"  ";
      cout<<endl;
  }
```

为了容易讲解，将构造函数中的语句

```
data=new RecNode[MaxSize+1]; //表中0元素空着或用作哨兵单元
```

中的MaxSize用n代替，即

```
data=new RecNode[n+1];        //表中0元素空着或用作哨兵单元
```

从而将待排序的记录看成存储在结构对象的数组data[1..n]中的数据。要排序的关键字就是对象的关键字key，即序列data[1].key, data[2].key, ..., data[n].key。

排序全部放在内存中进行，不涉及外存的排序方法称为内部排序。如果待排序的文件中存在多个关键字相同的记录，经过排序后这些具有相同关键字的记录之间的相对次序保持不变，则称这种排序方法是稳定的；反之，若具有相同关键字的记录之间的相对次序发生变化，则称这种排序方法是不稳定的。

9.1.2　各种排序方法比较

常用的排序方法有直接插入排序、希尔排序、冒泡排序、快速排序、直接选择排序、堆排序、归并排序和基数排序。下面对这些排序方法从几个方面进行比较。

1. 时间复杂度

1）直接插入排序、直接选择排序、冒泡排序算法的时间复杂度为 $O(n^2)$。

2）快速排序、归并排序、堆排序算法的时间复杂度为 $O(n\log_2 n)$（教材中简化为 $O(n\log n)$）。

3）希尔排序算法的时间复杂度很难计算，有几种较接近的答案：$O(n\log_2 n)$ 或 $O(n^{1.25})$。

4）基数排序算法的时间复杂度为 $O(d*(\mathrm{rd}+n))$，其中 rd 是基数，d 是关键字的位数，n 是元素个数。

2. 稳定性

1）直接插入排序、冒泡排序、归并排序和基数排序算法是稳定的。

2）直接选择排序、希尔排序、快速排序和堆排序算法是不稳定的。

3. 辅助空间（空间复杂度）

1）直接插入排序、直接选择排序、冒泡排序、希尔排序和堆排序算法需要辅助空间为 O(1)；

2）快速排序算法需要的辅助空间为 $O(\log_2 n)$。

3）归并排序算法需要的辅助空间为 $O(n)$。

4）基数排序算法需要的辅助空间为 $O(n+\mathrm{rd})$。

4. 选取排序方法时需要考虑的主要因素

1）待排序的记录个数。

2）记录本身的大小和存储结构。

3）关键字的分布情况。

4）对排序稳定性的要求。

5）时间和空间复杂度等。

5. 排序方法的选取

1）若待排序的一组记录数目 n 较小（如 $n \leqslant 50$），则可采用插入排序或选择排序。

2）若 n 较大，则应采用快速排序、堆排序或归并排序。

3）若待排序记录按关键字基本有序（正序或反序），则适宜选用直接插入排序、冒泡排序或快速排序。

4）当 n 很大而且关键字位数较少时，采用链式基数排序较好。

5）关键字比较次数与记录的初始排列顺序无关时，适宜用选择排序。

6. 排序方法对记录存储方式的要求

1）当记录本身信息量较大时，插入排序、归并排序、基数排序易于在链表上实现。

2）快速排序、堆排序更适合在索引结构上排序。

3）一般的排序方法都适合在顺序结构（一维数组）上实现。

9.2　典型算法

本章的重点是深刻理解各种内部排序方法的基本思想及其特点，熟悉各种内部排序的排序过程，掌握各种内部排序算法的时间复杂度的分析方法，特别要掌握快速排序、堆排序、归并排序和基数排序的基本思想及排序过程。

9.2.1　插入排序

插入排序的基本思想是：每一趟将一个待排序的记录，按其关键字值的大小插入到已经排序的部分文件中的适当位置上，直到全部插入完成。插入排序方法主要有直接插入排序和希尔排序两种。下面就以希尔排序方法为例加以理解。

希尔排序又称“缩小增量排序”，它是由希尔（D. L. Shell）在1959年提出的，下面举例说明其排序过程。

【例9.1】假设初始关键字序列为：39,26,53,17,68,26,49,64,81,36，其增量序列的取值依次为：5,3,1，希尔排序的过程如图9-1所示。

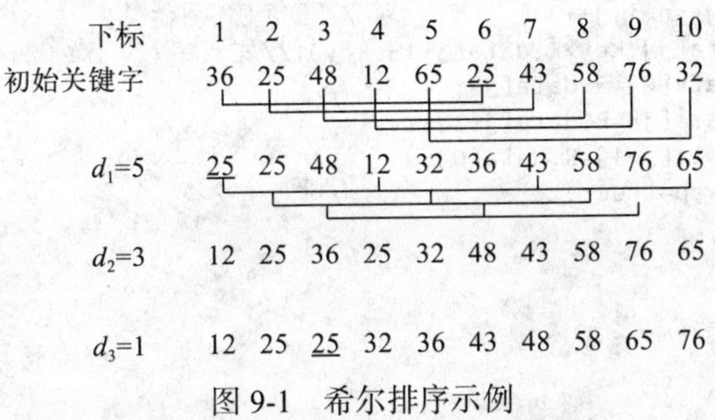

图9-1　希尔排序示例

从上面的例子中可以发现，相同的关键字26在排序过程中有前后位置互换的现象，这就说明希尔排序方法是不稳定的。

9.2.2　交换排序

交换排序的基本思想是：两两比较待排序记录的关键字，如果发现两个记录的次序相反则进行交换，直到所有记录都没有反序为止。本小节举例讨论两种交换排序方法：冒泡排序和快速排序。

1. 双向冒泡排序

一般的冒泡排序算法都是从待排序文件表的一端开始逐个记录扫描进行比较排序的，即是单向的，那么，能否从表的两端轮换向中间扫描进行冒泡排序呢？回答是肯定的。

【例9.2】设计一个修改冒泡排序算法以实现双向冒泡排序的算法。

【分析】冒泡排序算法是从最下面两个相邻的关键字进行比较，且使关键字较小的记录换至关键字较大的记录之上（即小的在上，大的在下），使得经过一趟冒泡排序后，关键字最小的记录到达最上端，接着，再在剩下的记录中找关键字次小的记录，并把它换在第二个位置上，依次类推，直到所有的记录都有序为止。双向冒泡排序则是交替改变扫描方向，即第一趟自底向上通过两个相邻关键字的比较，将关键字最小的记录换至最上面位置，第二趟则是从第二个记录开始向下通过两个相邻记录关键字的比较，将关键字最大的记录换至最下面的位置；然后再从倒数第二个记录开始向上两两比较至顺数第二个记录，将其中关键字较小的记录换至第二个记录位置，再从第三个记录向下至倒数第二个记录两两比较，将其中较大关键字的记录换至倒数第二个位置，依次类推，直到全部有序为止。实现这个算法需要用到

9.1.1 节定义的 SeqList 类，其中的友元函数 DbubbleSort 用来实现双向冒泡排序算法。

```
void  DbubbleSort(SeqList &R,int n)
{   //自底向上、自顶向下交替进行双向扫描冒泡排序
    int  i,j;
    int  NoSwap;                               //逻辑变量，表示一趟扫描是否有交换，为假表示无交换
    NoSwap=true;                               //首先假设有交换，表无序
    i=1;
    while(NoSwap){                             //当有交换时做循环
      NoSwap=false;                            //置成无交换
      for(j=n-i+1;j >=i+1;j--)                 //自底向上扫描
        if(R.data[j].key<R.data[j-1].key){// 若反序(后面的小于前一个)，即交换
             R.data[0]=R.data[j];
             R.data[j]=R.data[j-1];
             R.data[j-1]=R.data[0];
             NoSwap=true;                      //说明有交换
        }
      for(j=i+1;j<=n-i;j++)                    //自顶向下扫描
        if(R.data[j].key>R.data[j+1].key){// 若反序(前面的大于后一个)，即交换
             R.data[0]=R.data[j];
             R.data[j]=R.data[j+1];
             R.data[j+1]=R.data[0];
             NoSwap=true;                      //说明有交换
        }
        i=i+1;
    }
}
```

2. 快速排序

快速排序（Quick Sort）又称为划分交换排序。快速排序是对冒泡排序的一种改进方法，在冒泡排序中，记录关键字的比较和交换是在相邻记录之间进行，记录每次交换只能上移或下移一个相邻位置，因而总的比较和移动次数较多；在快速排序中，记录关键字的比较和交换是从两端向中间进行的，关键字较大的记录一次就能够交换到后面的单元，关键字较小的记录一次就能够交换到前面的单元，记录每次移动的距离较远，因此总的比较和移动次数较少，速度很快，故称为"快速排序"。

快速排序的基本思想是：首先在当前无序区 data[low..high] 中任取一个记录作为排序比较的基准（不妨设为 *x*），用此基准将当前无序区划分为两个较小的无序区：data[low..*i*–1] 和 data[*i*+1..high]，并使左边的无序区中所有记录的关键字均小于等于基准的关键字，右边的无序区中所有记录的关键字均大于等于基准的关键字，而基准记录 *x* 则位于最终排序的位置 *i* 上，即 data[low..*i*–1] 中的关键字 ≤ *x*.key ≤ data[*i*+1..high] 中的关键字。这个过程称为一趟快速排序（或一次划分）。当 data[low..*i*–1] 和 data[*i*+1..high] 均非空时，分别对它们进行上述的划分过程，直到所有的无序区中的记录均已排好序为止。

【例 9.3】假设有一组关键字：47, 33, 61, 82, 72, 11, 25, 47，写出快速排序的每一趟结果。

下面分析求解过程。

初始关键字　[47　33　61　82　72　11　25　$\underline{47}$]
　　　　　　　i　　　　　　　　　　　　　　*j*

两个指针 *i* 和 *j* 的初始状态分别指向文件中的第一个记录和最后一个记录，即 *i*=1，*j*=8。首先将第一个记录暂存在变量 *x* 中，即 *x*.key=47，然后令 *j* 自右向左扫描，直到找到满足 data[*j*].key < *x*.key 的记录，就将 data[*j*] 移到 data[*i*] 的位置上，*i* 自增 1。在此题中可以看到，

j 从 8 到 7，data[7].key <*x*.key=47，此时将 data[7] 移到 data[1]，*i*+1 后为 2，*j*=7，因此，经此一趟扫描移动后得：

[25　33　61　82　72　11　[25]　47]
　　　i　　　　　　　　*j*

然后再从 *i* 位置起向右扫描，直到 data[*i*].key>*x*.key，将 data[*i*] 移到 data[*j*] 的位置上，*j* 自减 1，从上一趟结果中可以看到，*i* 从 2 到 3 时，有 data[3].key>*x*.key，此时将 data[3] 移到 data[7]，*i*=3，*j*–1 后值为 6，因此得到结果：

[25　33　[61]　82　72　11　61　47]
　　　　i　　　　　　*j*

j 再从位置 6 向左扫描，因 data[6].key<*x*.key，所以将 data[6] 移到 data[3] 位置上，*i*+1 后为 4，*j*=6，因此得结果如下：

[25　33　11　82　72　[11]　61　47]
　　　　　　i　　　*j*

i 从位置 4 向右扫描，因 data[4].key>*x*.key，所以将 data[4] 移到 data[6] 位置上，*i*=4，*j*–1 后值为 5，因此得到：

[25　33　11　[82]　72　82　61　47]
　　　　　　i　*j*

j 从位置 5 向左扫描，因为 data[5].key 不小于 *x*.key，所以 *j*–1 后在向左扫描，此时 *i*=4，*j*=4，即 *i*=*j*，结束一趟排序，因此 4 的位置就是基准 *x* 的位置，将 *x* 移至 data[4] 的位置上得到：

[25　33　11]　47　[72　82　61　47]

这就是第一趟快速排序的结果。

同样道理，将基准 *x* 的左边部分记录关键字 [25 33 11] 和右边部分记录关键字 [72 82 61 47] 分别作为初始关键字再按照上述方法排序，即可得到后面几趟的排序结果：

第二趟排序之后：[11]　25　[33]　47　[47　61]　72　[82]

第三趟排序之后：　11　25　33　47　47　[61]　72　82

最后结果为：　　　11　25　33　47　47　61　72　82

9.2.3　使用单链表的直接选择排序

选择排序的基本思想是：每一趟在待排序的记录中选出关键字最小的记录，依次存放在已排好序的记录序列的最后，直到全部记录排序完为止。在此，主要介绍采用单链表的直接选择排序和堆排序两种选择排序方法。

【例 9.4】假设采用单链表作为存储结构，试编写一个直接选择排序（升序）的算法。

【分析】依题意，先弄清楚单链表的类及结点类型。排序前要先建立链表。假设想用数字 0 作为建立链表的结束标志，就要设计一个成员函数 CreateListR1 实现这一功能。升序算法使用成员函数 LselectSort1，采用交换结点的数据域和关键字域值的算法来实现。另外设计一个成员函数 LselectSort2，它使用将数据加入到一个新链表中的方法实现降序排序。将这三个成员函数加入线性链表的头文件 LList.h 中即可。下面给出三个成员函数在头文件中的原型声明和实现方法。

```
//LList.h
template<class T>
class LinkList;
template<class T>
class ListNode {                                        //结点类定义
    public:
        friend class LinkList<T>;
    private:
       T data;                                          //结点数据域
       ListNode<T> * next;                              //结点指针域
};
template<class T>
class LinkList {
     public :
        LinkList( ){ head = NULL;}                      //默认构造函数置空表
        bool ListEmpty( ){return head == NULL;}         //判断链表是否为空
        int ListLength( );
        void CreateListF();                             //头插法建立链表
        void CreateListR();                             //尾插法建立链表
        void CreateList();                              //建立带头结点的链表
        bool GetElem(int i,T &x);                       //第 i 个元素值存入 x 中
        int  LocateElem(T x);                           //返回 x 在表中的序号
        void InsertNode(int i,T x);                     //在第 i 个元素之后插入 x
        void DeleteNode(int i,T &x);                    //删除第 i 个结点，值存到 x
        void PrintList( );                              //输出链表
        //新增三个成员函数
        void CreateListR1();                            //尾插法建立链表
        void LselectSort1();                            //交换结点的数据域和关键字域值的算法
        void LselectSort2(LinkList<T> &T);              //将数据加入到一个新链表中的排序算法
    private :
        ListNode<T> *head;                              //链表头指针
};
```

1. 尾插法建立链表的算法

成员函数 CreateListR1 用于接收要排序的数据，输入数据以数字 0 作为结束符。

```
template<class T>
void  LinkList<T>::CreateListR1()
{   ListNode<T> *s,*rear=NULL;                          //尾指针初始化
    T ch;  cin>>ch;
    while(ch!=0){                                       //读入数据不是结束标志符时做循环
        s= new ListNode<T>;                             //申请新结点
        s->data=ch;                                     //数据域赋值
        if(head==NULL)
            head=s;
        else
            rear->next=s;
        rear=s;
        cin>>ch;                                        //读入下一个数据
    }
    rear->next=NULL;                                    //表尾结点指针域置空值
}
```

2. 交换结点的数据域和关键字域值的算法

成员函数 LselectSort1 是按直接选择排序算法思想，交换结点的数据域和关键字域值。

```
template<class T>
void  LinkList<T>::LselectSort1()
{  //先找最小的结点和第一个结点交换，再找次小的结点和第二个结点交换，依次类推
   ListNode<T> * p, * r, * s ;
   ListNode<T>  q;   p=head;
   while(p!=NULL){            //假设链表不带头结点
       s=p;                   //s为保存当前关键字值最小结点的地址指针
       r=p->next;
       while(r!=NULL){        //向后比较，找关键字值最小的结点
          if(r->data<s->data)
              s=r ;           //若r指向结点的关键字值小，使s指向它
          r=r->next;          //比较下一个
       }
       if(s!=p){              //说明有关键字值比s的关键字值小的结点，需交换
          q=(*p);             //整个结点记录赋值
          p->data=s->data;
          s->data=q.data;
       }
       p=p->next;             //指向下一个结点
   }
}
```

3. 将数据加入到一个新链表中的排序算法

成员函数 LselectSort2 是按直接选择排序算法思想，每次选择到最大的结点后，将其脱链并加入到一个新链表中（头插法建表），这样可避免结点域值交换，最后将新链表的头指针返回。下面的算法实现的是降序排序。

```
template<class T>
void LinkList<T>::LselectSort2(LinkList<T> &T)
{  //找最大的结点作为新表的第一个结点，找次大的结点作为第二个结点，依次类推
   ListNode<int> * p, * q, * r, * s,* t;
   t=NULL;                          //置空新表
   while(head!=NULL){
      s=head;                       //先假设s 指向关键字值最大的结点
      p=head; q=NULL;               //q指向p的前驱结点
      r=NULL;                       //r指向s的前驱结点
      while(p!=NULL){
           if(p->data>s->data){     //使s指向当前关键字值大的结点
             s=p; r=q;              //使r指向s的前一个结点
           }
           q=p ;  p=p->next;        //指向后继结点
      }
      if(s==head)                   //循环前的假设成立
           head=head->next;         //指向后继结点
      else
           r->next=s->next;         //删除最小结点
      s->next=t;  t=s;              //插入新结点
   }
   T.head=t;
}
```

下面是演示使用以上三个函数的主程序。

```
#include<iostream>
using namespace std;
#include“LList.h”
void main()
{
   LinkList <int> L,T;
   L.CreateListR1();                //为建立的空链表输入数据
```

```
    L.PrintList();                    // 输出链表
    L.LselectSort1();                 // 升序排序
    L.PrintList();                    // 输出交换结点数据的选择排序结果
    L.LselectSort2(T);                // 降序排序
    T.PrintList();                    // 输出使用排序建立的新链表的内容
}
```

运行示例如下：

```
28  23  55  72  66  28  14  13 0
28   23   55   72   66   28   14   13
13   14   23   28   28   55   66   72
72   66   55   28   28   23   14   13
```

注意 因为降序排序破坏了原来的链表，所以先进行升序排序，调用输出成员函数输出排序结果之后，再对升序数据进行降序排序并输出结果。

9.2.4 使用堆的直接选择排序

堆排序（Heap Sort）是对直接选择排序法的一种改进。堆排序的基本思想是：对一组待排序记录的关键字，首先把它们建成一个大根堆或小根堆，从而输出堆顶的最小关键字（假设利用小根堆来排序）。然后对剩余的关键字再建堆，便得到次小的关键字，如此反复进行，直到全部关键字排成有序序列为止。堆排序实际上就是一个不断的建堆过程，只要建堆概念搞清楚了，堆排序就很容易理解。下面以实例对建堆算法思想作进一步分析、认识和理解。

【例 9.5】已知关键字序列为：47, 33, 61, 82, 72, 11, 25, 47，采用堆排序方法对该序列进行排序，画出建堆过程和每一趟排序结果。

【分析】建堆的具体方法是，将待排序的关键字按层顺序存放到一棵二叉树的各个结点中，显然这棵二叉树是一棵完全二叉树，它的所有 $i>\lceil n/2\rceil$ 的结点 k_i 都没有子结点，而且以 k_i 为根的子树已经是堆，即结点 k_5, k_6, k_7, k_8 已经是堆，如图 9-2a 所示。

因为 $i=\lceil n/2\rceil=4$，所以要调整以第 4 个结点为根的子树为堆，只需要将第 4 个结点与第 8 个结点交换即可，得到序列为：47，33，61，47，72，11，25，82，由此构成的完全二叉树如图 9-2b 所示。

此时，$i=\lceil n/2\rceil-1=3$，要调整以第 3 个结点为根的子树为堆，因为该结点的左子树结点值小，所以与左子树交换，61 被筛至下一层，得到序列为：47，33，11，47，72，61，25，82，其二叉树如图 9-2c 所示。

接下来，i=2，以 33 为根结点的子树已经是堆，无须调整，如图 9-2d 所示。

最后，i=1，以 47 为根结点的子树不是堆，需要调整，因为其右子树结点值较小，所以 47 与 11 交换，被筛至下一层，但以 47 为根结点的树不为堆，因此需要再调整，此时，47 再与 25 交换，建堆结束，得到小根堆为：11，33，25，47，72，61，47，82，所得的完全二叉树如图 9-2e 所示。

调整为堆后，就可以开始进行堆排序了，首先将关键字最小的记录 data[1]（即堆顶）和最后一个记录 data[n]（n=8）交换，这时得到关键字序列：[82 33 25 47 72 61 47] [11]，前面方框内是无序区，后面方框内是有序区，也就是第一趟排序结果。因为无序区的 7 个关键字不为堆，因此需将其调整为堆，调整结果为：[25 33 47 72 61 82] [11]，由此可得到第二趟排序结果：[82 33 47 47 72 61] [25 11]，依次类推，可得如下各趟排序结果：

第三趟排序结果：[61 47 47 82 61] [33 25 11]
第四趟排序结果：[72 61 47 82] [47 33 25 11]
第五趟排序结果：[82 61 72] [47 47 33 25 11]
第六趟排序结果：[72 82] [61 47 47 33 25 11]
第七趟排序结果：[82] [72 61 47 47 33 25 11]

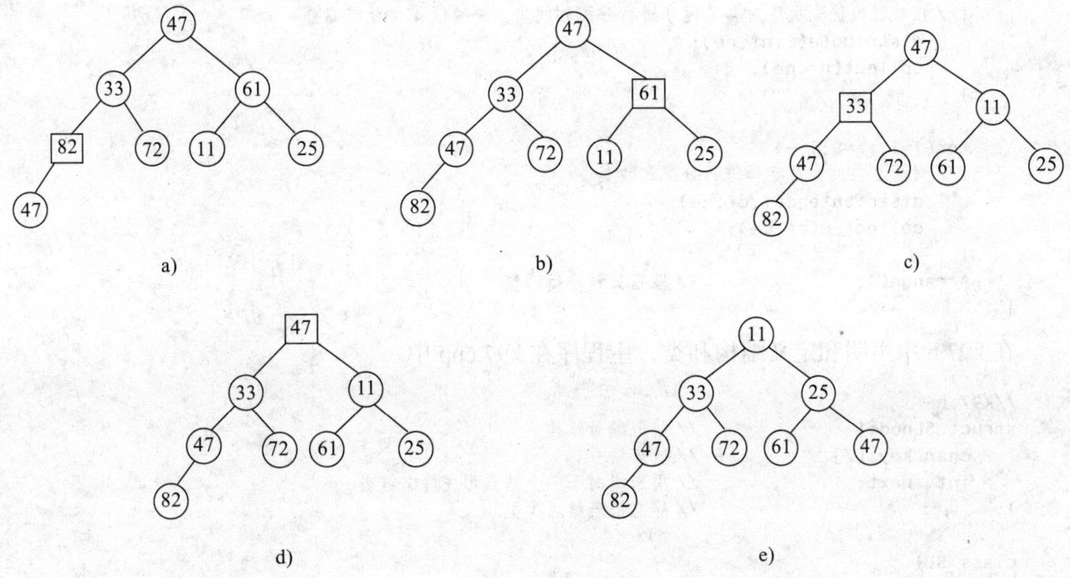

图 9-2　建堆过程

9.2.5　分配排序

分配排序又分为箱排序和基数排序两种排序方法。箱排序又称桶排序，其基本思想是：设置若干个箱子，依次扫描待排序的记录 $R[0], R[1], \cdots, R[n-1]$，把关键字等于 k 的记录全部装入到第 k 个箱子里（分配），然后按序号依次将各非空的箱子首尾连接起来。

基数排序（Radix Sort）是对箱排序的改进和推广。箱排序只适用于关键字取值范围较小的情况，否则所需要箱子的数目 m 太多，会导致存储空间的浪费和计算时间的增加。但若仔细分析关键字的结构，就可能得出对箱排序结果的改进。

【例 9.6】下面是假设航班号具有图 9-3 所示的格式。其中 k0 和 k1 的输入值是航空公司的别称，用两个大写字母表示，后 4 位为航班编号，这种航班号关键字可分成两段，即字母和数字。给出对飞机航班号进行排序和查找的设计方法。

k0	k1	k2	k3	k4	k5
C	Z	3	8	6	9

图 9-3　航班号格式

由以上描述可见，对航班号需分两段完成，即将数字和字符的关键字分开。假设基数排序的函数为

```
void radixsort();    //链式基数排序
```

数组 nf 和 ne 供数字使用，cf 和 ce 供字符使用，则函数具有如下形式：

```
void RadixSort()
{
    for(int i=0;i<length;i++)
        sl[i].next=i+1;      //0 号单元仅存放指针，不存储内容
    sl[length].next=0;       //将普通的线性表改造为静态链表

    for(i=keynum-1;i>=2;i--)
    {// 按最低位优先次序对各关键字进行分配和收集，先做低 4 位数字部分
        distribute(i,nf,ne);
        collect(nf,ne);
    }

    for(i=1;i>=0;i--)
    {// 对高 2 位的大写字母进行分配和收集
        distribute_c(i,cf,ce);
        collect_c(cf,ce);
    }
    Arrange();               // 按指针链进行调整
}
```

在 k97.h 中声明和定义结构和类，主程序在 k97.cpp 中。

```
//k97.h
struct SLnode{                   // 航班编号结构
    char keys[7];                // 航班编号
    int  next;                   // 用来指向下一个结点形成静态链表
};                               // 静态链表结点类型

class SL{
  public:
     SL():keynum(6),length(0)
     {}                          // 构造函数
     ~SL(){}
     void build();               // 输入信息
     void radixsort();           // 链式基数排序
     void print()const;          // 输出航班号
  private:
     void distribute(int i,
        int* nf, int* ne); // 一趟数字字符分配函数
     void collect(int* nf,
        int* ne);                // 一趟数字字符收集函数
     void distribute_c(int i,
        int* cf, int* ce); // 一趟字母字符分配函数
     void collect_c(int* cf,
        int* ce);                // 一趟字母字符收集函数
     void Arrange();             // 将静态有序链表调整为顺序排列的升序表
     SLnode sl[50];              // 静态链表，sl[0] 为头结点
     int keynum;                 // 记录当前航班号关键字字符个数
     int length;                 // 当前表长
     int ne[10];                 // 十进制数字数组
     int nf[10];                 // 十进制数字数组
     int ce[26];                 //26 个字母数组
     int cf[26];                 //26 个字母数组
};
// 成员函数定义
// 接收输入数据函数
void SL::build()
{
  char yn='y';
  ++length;
```

```
  while(yn=='y' || yn == 'Y')
  {
      cout<<" 航班号 :";
      cin>>sl[length].keys;
      cout<<" 继续输入吗? (y/n)";
      cin>>yn;
      ++length;
  }
  --length;
}
// 排序函数
void SL::radixsort()
{
  for(int i=0;i<length;i++)
      sl[i].next=i+1;          //0 号单元仅存放指针，不存储内容
  sl[length].next=0;           // 将普通的线性表改造为静态链表

  for(i=keynum-1;i>=2;i--)
  {// 按最低位优先次序对各关键字进行分配和收集，先做低 4 位数字部分
      distribute(i,nf,ne);
      collect(nf,ne);
  }

  for(i=1;i>=0;i--)
  {// 对高 2 位的大写字母进行分配和收集
      distribute_c(i,cf,ce);
      collect_c(cf,ce);
  }
  Arrange();// 按指针链进行调整
}
// 一趟数字字符分配函数
void SL::distribute(int i,int* nf, int* ne)
{// 本算法是按关键字 keys[i] 建立 10 个子表，使同一个子表中记录的 keys[i] 相同,
 //fn[0..9] 和 en[0..9] 分别指向各自表中的第一个和最后一个记录
  int j,p;
  for(j=0;j<10;j++) // 十进制数字指针数组置空
  {
      nf[j]=ne[j]=0;
  }
  for(p=sl[0].next;p;p=sl[p].next)
  {
      j=sl[p].keys[i] % 48;// 将数字字符转换成数字集中相应的序号 (0 ~ 9)
      if(!nf[j])
         nf[j]=p;
      else
         sl[ne[j]].next=p;
      ne[j]=p;
  }
}
// 一趟数字字符收集函数
// 本算法是按关键字 keys[i] 从小到大将 [0..9] 所指的各子表依次链接成一个链表
void SL::collect(int* nf,int* ne)
{
  int j,t;
  for(j=0;!nf[j]; j++)
  {}                    // 找第一个非空子表
  sl[0].next=nf[j]; //sl[0].next 指向第一个非空子表中的第一个结点
  t=ne[j];
  while(j<9)
  {
      for(j=j+1;j<9 && !nf[j];j++)// 找下一个非空子表
```

```
        {}
        if(nf[j]){                          //链接两个非空子表
                sl[t].next=nf[j];
                t=ne[j];
        }
    }

    sl[t].next=0;                           //t 指向最后一个非空子表中的最后一个结点
}
//一趟字母字符分配函数
void SL::distribute_c(int i,int* cf, int* ce)
{//各子表置为空表
  int j,p;
  for(j=0;j<26;j++)
  {
      ce[j]=cf[j]=0;
  }
  for(p=sl[0].next;p!=0;p=sl[p].next)
  {
      j=sl[p].keys[i] % 65;             //将字母字符转换成字母集中相应的序号(0 ~ 25)
      if(!cf[j])
          cf[j]=p;
      else
          sl[ce[j]].next=p;
      ce[j]=p;
  }
}
//一趟字母字符收集函数
void SL::collect_c(int* cf,int* ce)
{
  int j,t;
  for(j=0;!cf[j]; j++)
  {}
  sl[0].next=cf[j];
  t=ce[j];
  while(j<25)
  {
      for(j=j+1;j<25 && !cf[j];j++)
      {}
      if(cf[j]){
          sl[t].next=cf[j];
          t=ce[j];
      }
  }
  sl[t].next=0;
}
//整理为顺序排列的静态表
void SL::Arrange()
{
  int p,q,i;
  SLnode temp;
  p=sl[0].next;
  for(i=1;i<length;i++)
  {
      while(p<i)
          p=sl[p].next;
      q=sl[p].next;
      if(p != i)
      {
          temp=sl[p];
          sl[p]=sl[i];
```

```
            sl[i]=temp;
            sl[i].next=p;
        }
        p=q;
    }
}
//输出
void SL::print()const{  //输出航班号
    for(int i=1;i<=length;i++)
        cout<<sl[i].keys<<" ";
    cout<<endl;
}
//k97.cpp
#include<iostream>
using namespace std;
#include "k97.h"

int main()
{
    SL a;
    a.build();
    a.radixsort();
    a.print();
    return 0;
}
```

程序运行示例如下：

```
航班号 :CA1544
继续输入吗? (y/n)y
航班号 :MU5341
继续输入吗? (y/n)y
航班号 :CZ3566
继续输入吗? (y/n)y
航班号 :CZ3528
继续输入吗? (y/n)y
航班号 :MU5288
继续输入吗? (y/n)n
CA1544 CZ3528 CZ3566 MU5288 MU5341
```

9.3 堆排序实验解答

1. 实验题目

已知关键字序列为 [47,33,61,82,72,11,25,47]，编写程序实现堆排序。

2. 设计类并定义类

```
//SeqList.h
typedef int KeyType;
typedef int InfoType;
typedef struct{
    KeyType key;
    InfoType otherinfo;
}RecNode;
class SeqList {
    public :
        SeqList(int MaxListSize=100);        //构造函数，默认表长为100
        ~SeqList( ){delete[] data;}          //析构函数
        void CreateList(int n);              //顺序表输入
        void Sift(int i,int h);              //调整堆
```

```
        friend void HeapSort(SeqList
            &R,int n);                  //声明堆排序的友元函数
         void PrintList();                       //输出表
    private:
        int length;                              //实际表长
        int MaxSize;                             //最大表长
        RecNode *data;                           //结构 RecNode 的指针
};
//构造函数
SeqList ::SeqList(int MaxListSize)
{
    MaxSize=MaxListSize;
    data=new RecNode[MaxSize+1];
    length=0;
}
//建立顺序表
void SeqList::CreateList(int n)
{
    for(int i=1;i<=n;i++)
        cin>>data[i].key;
    length=n;
}
//表输出
void SeqList::PrintList( )
{
    for(int i=1;i<=length;i++)
        cout<<data[i].key<<"  ";
    cout<<endl;
}
//选择排序—堆排序—调整为大根堆
//成员函数 Sift 用来实现调整为大根堆的算法
void SeqList::Sift(int i,int h)
{  //将 data[i..h] 调整为大根堆，假定 data[i] 的左、右子树均满足堆性质
   int j;
   RecNode x=data[i];                            //把待筛结点暂存于 x 中
   j=2*i;                                        //data[j] 是 data[i] 的左孩子
   while(j<=h){                                  //当 data[i] 的左孩子不空时执行循环
     if(j<h &&data[j].key<data[j+1].key)
        j++;                                     //若右孩了的关键字较大，j 为较大右孩子的下标
     if(x.key>=data[j].key)
        break;                                   //找到 x 的最终位置，终止循环
     data[i]=data[j];                            //将 data[j] 调整到双亲位置上
     i=j; j=2*i;                                 //修改 i 和 j 的值，使 i 指向新的调整点
   }
   data[i]=x;                                    //将被筛结点放入最终的位置上
}
//选择排序—堆排序
//友元函数 HeapSort 用来调用成员函数 Sift 实现堆排序算法
void HeapSort(SeqList &R,int n)
{  //对 data[1..n] 进行堆排序，设 data[0] 为暂存单元
   for(int i=n/2;i>0;i--)
      R.Sift(i,n);                               //对初始数组 data[1..n] 建大根堆
      for(i=n;i>1;i--){                          //对 data[1..i] 进行堆排序，共 n-1 趟
         R.data[0]=R.data[1];
         R.data[1]=R.data[i];
         R.data[i]=R.data[0];                    //交换
         R.Sift(1,i-1);                          //对无序区 data[1..i-1] 建大根堆
      }
}
```

3. 主程序及运行结果

主程序设计在 shiyan9.cpp 中。

```
//shiyan9.cpp
#include<iostream>
using namespace std;
#include "SeqList.h"
//堆排序，大根堆，输出是升序
void main()
{
    SeqList R(11);
    R.CreateList(8);
    R.PrintList();
    HeapSort(R,8);   //堆排序
    R.PrintList();
}
```

除了给定的数据，再另选一组数据，运行示例如下：

```
47 33 61 82 72 11 25 47
47  33  61  82  72  11  25  47
11  25  33  47  47  61  72  82
45 36 72 18 53 31 48 36
45  36  72  18  53  31  48  36
18  31  36  36  45  48  53  72
```

9.4　学生成绩处理课程设计

9.4.1　设计要求

本设计要求以单链表作为存储结构，实现一个学生成绩排序的简单问题。要求创建包括学生学号、算术成绩和语文成绩的链表，计算个人的总成绩，并根据总成绩在链式存储结构上实现直接选择排序，用交换结点的数据域和关键字域值的方法实现升序排序，使用重新建立一个新表的方法实现降序排序。

为了简单起见，学号使用整型数据。学生数量可以指定，假设有 4 个学生，用来验证的数据如下：

原始数据

学号	算术	语文	总分
201123	68	85	153
201124	65	70	135
201126	89	98	187
201128	90	98	188

要求输出如下结果。

升序排序后的数据

学号	算术	语文	总分
201124	65	70	135
201123	68	85	153
201126	89	98	187
201128	90	98	188

降序排序后的数据

学号	算术	语文	总分
201128	90	98	188
201126	89	98	187
201123	68	85	153
201124	65	70	135

9.4.2 设计思想

要在链式存储结构上实现，就需要设计链表的头文件，即在排序前要先建立链表。因为有人数要求，所以可以简单地使用人数作为结束输入的条件。设计一个成员函数实现这一功能，并且使用人数作为变量。由此可见，可以设计如下 3 个成员函数实现要求的功能：

```
void CreateListR1(int);                     //建立排序数据的链表
void LselectSort1( );                       //交换结点的数据域和关键字域值的算法
void LselectSort2(LinkList<T> &T);          //将数据加入一个新链表中的排序算法
```

可以设计如下的结构作为类的数据类型：

```
struct st{
    int xh;                                 //学号
    int ss;                                 //算术
    int yw;                                 //语文
    int zf;                                 //总分
};
```

假设类的名字是 Student，为它设计如下的结点类：

```
template<class T>
class StuNode {                             //结点类定义
   public:
       friend class Student<T>;             //声明友元类
   private:
       T data;                              //结点数据域
       StuNode<T> * next;                   //结点指针域
};
```

用 struct st 作为 T 的类型。为了简单，这里不为它设计运算符重载，在程序中使用中间变量解决比较和赋值问题。

9.4.3 参考答案

1. 头文件

由于本设计使用结构作为数据类型，所以不能直接使用 9.2.3 节的函数成员。这里把不需要的成员删除，Student 类的声明和定义在头文件 k9.h 中。

```
//k9.h
template<class T>
class Student;
struct st{
    int xh;      //学号
    int ss;      //算术
    int yw;      //语文
    int zf;      //总分
};
```

```
template<class T>
class StuNode {                                      //结点类定义
    public:
        friend class Student<T>;
    private:
       T data;                                       //结点数据域
       StuNode<T> * next;                            //结点指针域
};
template<class T>
class Student {
     public :
       Student( ){ head = NULL;}                     //默认构造函数置空表
        void PrintList( );                           //输出链表
        void CreateListR(int n);                     //尾插法建立链表
        void LselectSort1();                         //交换结点的数据域和关键字域值的排序
        void LselectSort2(Student<T> &T);            //将数据加入到一个新链表中的排序
     private :
        StuNode<T> *head;                            //链表头指针
};
//输出成员函数的定义
template<class T>
void Student<T>::PrintList()
{
    cout<<" 学号\t 算术\t 语文\t 总分 "<<endl;
    StuNode<T> *p=head;
    while(p){
        cout<<p->data.xh;
        cout<<"\t"<<p->data.ss
            <<"\t"<<p->data.yw
            <<"\t"<<p->data.zf<<endl;
        p=p->next;
    }
    cout<<endl;
}
//尾插法建立表成员函数的定义
template<class T>
void  Student<T>::CreateListR(int n)
{
    StuNode<T> *s,*rear=NULL;                        //尾指针初始化
    for(int i=0;i<n;i++){
       s= new StuNode<T>;                            //申请新结点
       cin>>s->data.xh
        >>s->data.ss>>s->data.yw;                    //数据域赋值
       s->data.zf=s->data.ss+s->data.yw;             //计算总分并赋值
       if(head==NULL)
            head=s;
       else
            rear->next=s;
       rear=s;
    }
    rear->next=NULL;                                 //表尾结点指针域置空值
}
//交换结点的数据域和关键字域值实现排序
template<class T>
void  Student<T>::LselectSort1()
{  //先找最小的结点和第一个结点交换，再找次小的结点和第二个结点交换，依次类推
    StuNode<T> * p, * r, * s ;
    StuNode<T>  q;   p=head;
    int temp,temr,tems;                              //没有重载赋值运算符，用来中转整型数据
    while(p!=NULL){                                  //假设链表不带头结点
       s=p;                                          //s 为保存当前关键字值最小结点的地址指针
```

```
        r=p->next;
        while(r!=NULL){                        //向后比较，找关键字值最小的结点
            temr=r->data.zf;
            tems=s->data.zf;
            if(temr<tems)
                s=r ;                          //若 r 指向结点的关键字值小，使 s 指向它
            r=r->next;                         //比较下一个
        }
        if(s!=p){                              //说明有关键字值比 s 的关键字值小的结点，需交换
            q=(*p);                            //整个结点使用 temp 中转数据，为记录赋值
            temp=s->data.xh;p->data.xh=temp;
            temp=s->data.ss;p->data.ss=temp;
            temp=s->data.yw;p->data.yw=temp;
            temp=s->data.zf;p->data.zf=temp;

            temp=q.data.xh;s->data.xh=temp;
            temp=q.data.ss;s->data.ss=temp;
            temp=q.data.yw;s->data.yw=temp;
            temp=q.data.zf;s->data.zf=temp;
        }
        p=p->next;                             //指向下一个结点
    }
}
//将数据加入到一个新链表中的排序
template<class T>
void Student<T>::LselectSort2(Student<T> &T)
{  //找最小的结点为新表的第一个结点，找次小的结点作为第二个结点，依次类推
    StuNode<struct st> * p, * q, * r, * s,* t;
    t=NULL;                                    //置空新表
    while(head!=NULL){
        s=head;                                //先假设 s 指向关键字最小值的结点
        p=head; q=NULL;                        //q 指向 p 的前驱结点
        r=NULL;                                //r 指向 s 的前驱结点
        int temp,teps;                         //作为比较的中转数据变量
        while(p!=NULL){
            temp=p->data.zf;                   //中转可以避免运算符重载
            teps=s->data.zf;                   //没有重载“>”，使用变量解决
            if(temp<teps){                     //使 s 指向当前关键字值小的结点
                s=p; r=q;                      //使 r 指向 s 的前一个结点
            }
            q=p ;  p=p->next;                  //指向后继结点
        }
        if(s==head)                            //循环前的假设成立
            head=head->next;                   //指向后继结点
        else
            r->next=s->next;                   //删除最小结点
        s->next=t;  t=s;                       //插入新结点
    }
    T.head=t;
}
```

2. 主文件

主文件在 k9.cpp 中。按照给出的输出式样，编写如下的文件：

```
//k9.cpp
#include<iostream>
using namespace std;
#include "k9.h"

void main()
{
```

```
    int num=0;
    cout<<"输入学生数量:";
    cin>>num;
    Student <struct st> L,T;
    cout<<"依次输入学号、算术和语文成绩。\n";
    L.CreateListR(num);
    cout<<"原始数据\n";
    L.PrintList();
    L.LselectSort1();
    cout<<"升序排序后的数据\n";
    L.PrintList();
    L.LselectSort2(T);
    cout<<"降序排序后的数据\n";
    T.PrintList();
}
```

9.5 评分标准

本章课程设计是练习使用链式存储结构实现降序和升序排序，只要能保证程序运行全部正确，即可获得 80 ~ 85 分。

本章课程设计留有较多的扩充余地，如果学生自己在原来的基础上增加部分内容或加以改进，可以适当给予加分，一般可以加到 85 分以上。如果所做的课程设计有所创新，如增加运算符重载或查找、修改、添加等功能，则可给予 90 分以上。

如果部分算法程序存在局部问题，但有些地方又进行了一定的改进或有所创新，则可考虑给分。

如果算法程序部分不正确或调试有问题，成绩不能高于 75 分；如果其中大部分程序都有问题或不正确，则不予及格。

第 10 章 查　　找

查找操作频率很高，为了加深对查找算法的理解，本章将设计一个涉及多种查找算法的综合课程设计，这个课程设计具有一定的现实意义和实用价值。

10.1　重点和难点

排序和查找是在数据信息处理中使用频度极高的操作，查找是数据处理中经常使用的一种重要操作。由于查找操作频率很高，在任何一个计算机应用软件和系统软件中都会涉及，所以，当问题所涉及的数据量相当大时，查找方法的效率就显得格外重要。因此，对各种查找方法的效率进行分析、比较也是这一章的主要内容。

应该熟悉各种查找算法并能熟练地应用它们。查找算法主要是掌握顺序查找、二分查找、二叉查找树上的查找以及散列表上的查找的基本思想和算法实现。另外，为了加快查找的速度需要先对数据记录按关键字排序，所以本章中还用到了前一章中的排序技术。

评价一个查找算法的优劣是通过平均查找长度来决定的。我们知道，查找的主要操作是关键字的比较，因此平均查找长度即为查找过程中对关键字比较的平均比较次数，具体定义为

$$\mathrm{ASL}=\sum_{i=1}^{n} p_i c_i$$

其中，n 是结点的个数，c_i 是找到第 i 个结点所需要进行比较的次数，p_i 是查找第 i 个结点的概率，一般情况下，均认为查找每个结点的概率是相等的，即 $p_i=1/n$。

应该重点掌握线性表和二叉排序树的查找方法，难点是解决散列表冲突的方法。除了熟悉各种算法之外，还需要掌握所采用的查找方法，使用哪种数据结构来表示“表”，即表中的结点是按何种方式组织的。为了提高查找速度，常常用某些特殊的数据结构来组织。因此在研究查找算法时，首先必须弄清楚这些方法所需要的数据结构，特别是存储结构。

10.1.1　顺序表查找

1. 顺序查找

顺序查找又称为线性查找，是一种最简单的查找方法。它是从线性表的一端开始，顺序扫描线性表，依次将扫描到的结点关键字和给定值 k 相比较。若当前扫描到的结点关键字与 k 相等，则查找成功；若扫描结束后，仍未找到关键字等于 k 的结点，则查找失败。顺序表的查找算法简单，对表结构无任何要求，无论结点之间是否按关键字有序，它都同样适用。但顺序查找的效率低，因此当数据较多时不宜采用顺序查找。

2. 二分查找

二分查找要求线性表中的结点必须按关键字值的递增或递减顺序排列，其思想是：首先用要查找的关键字 k 与中间位置的结点的关键字相比较，这个中间结点把线性表分成了两个

子表，若比较结果相等则查找完成；若不相等，再根据 k 与该中间结点关键字的比较大小确定下一步查找哪个子表，如果 k 大，则下一步在右边关键字较大的子表中查找，否则，在左边关键字较小的子表中查找，这样递归进行下去，直到找到满足条件的结点或者该线性表中没有这样的结点为止。

3. 分块查找

分块查找又称为索引顺序查找，其性能介于顺序查找和二分查找之间。分块查找是把线性表分成若干块，每一块中的元素存储顺序是任意的，但块与块之间必须按关键字大小有序排列，即前一块中的最大关键字值小于后一块中的最小关键字值。另外，还需要建立一个索引表，索引表中的一项对应线性表中的一块，索引项由键域和链域组成，键域存放相应块的最大关键字，链域存放指向本块第一个结点的指针。索引表按关键字值递增顺序排列。

分块查找的查找算法分为两步进行，首先确定待查找的结点属于哪一块，即查找其所在的块，然后在块内查找要查的结点。由于索引表是递增有序的，可采用二分查找；由于块内元素个数较少，可采用顺序法查找，不会对执行速度有太大的影响。

4. 三种查找方法的比较

顺序查找的优点是算法简单，且对表的存储结构无任何要求，无论是顺序结构还是链式结构，也无论结点关键字是有序还是无序，都适合用顺序查找。缺点是当 n 较大时，其查找成功的平均查找长度约为表长的一半，即 $(n+1)/2$，查找失败则需要比较 $n+1$ 次，当 n 较大时，其查找效率低。

二分查找的速度快，效率高，查找成功的平均查找长度约为 $\log_2(n+1)-1$，但是，它要求表以顺序存储表示并且是按关键字有序，使用高效率的排序方法也要花费 $O(n\log_2 n)$ 的时间。另外，当对表结点进行插入或删除时，需要移动大量的元素，所以二分查找适用于表不易变动且又经常查找的情况。

分块查找的优点是，在表中插入或删除一个记录时，只要找到该记录所属的块，就在该块内进行插入或删除运算。因为块内记录是无序的，所以插入或删除比较容易，无须移动大量记录。分块查找的主要缺点是需要增加一个辅助数组的存储空间和将初始表分块排序的运算，不适宜使用链式存储结构。若以二分查找确定块，则分块查找成功的平均查找长度为 $\log_2(n/s+1)+s/2$；若以顺序查找确定块，则分块查找成功的平均查找长度为 $(s^2+2s+n)/(2s)$。其中，s 为分块中的结点个数。

另外，根据平均查找长度，不难得到顺序查找、二分查找和分块查找这三种查找算法的时间复杂度分别为 $O(n)$、$O(\log_2 n)$ 和 $O(\sqrt{n})$。

5. 有序表上的顺序查找

在顺序存储结构上实现的查找算法，都将表结点看成是无序的，假设要查找的顺序表是按关键字递增有序的，按前面所给的顺序查找算法同样是可以实现的，但是，表有序的条件没能用上，这其实就是资源上的浪费。所以需要寻找一种能用上有序条件的算法。

【例 10.1】 编写查找有序表 [13 25 36 42 48 56 64 69 78 85 92] 中是否存在 43 和 48 两个元素的程序。

在类 SeqList 中声明成员函数 SeqSearch1，下面给出它的定义。

```
int SeqList::SeqSearch1(KeyType k)
{    //有序表的顺序查找算法
```

```
    int i=length;       //从后向前扫描，表按递增排序
    while(data[i].key > k)
        i--;
    if(data[i].key==k)
        return i;       //找到，返回其下标
    return 0;           //找不到，返回 0
}
```

上述算法中，循环语句是判断当要查找的值 k 小于表中的当前关键字值时，就循环向前查找，一旦大于或等于关键字值时就结束循环。然后再判断是否相等，若相等，则返回相等元素下标，否则，返回 0 值表示未查到。查找成功时，该算法的平均查找长度与无序表查找算法的平均查找长度基本一样，只是在查找失败时，无序表的查找长度是 $n+1$，而该算法的平均查找长度是表长的一半。因此，该算法的平均查找长度为

$$((n+1)/2 + (n+1)/ 2)/2 = (n+1)/2$$

为了演示查找有序表，先给出类的声明和定义。

```
//SeqList.h
typedef int KeyType;
typedef struct{
KeyType key;
}RecNode;
class SeqList {
  public :
     SeqList(int MaxListSize=100);          // 构造函数，默认表长为 100
     ~SeqList( ){delete[] data;}            // 析构函数
     void CreateList(int n);                // 顺序表输入
     int SeqSearch(KeyType k);
     int SeqSearch1(KeyType k);
     int BinSearch(KeyType k,int low,int high);
     friend void BinInsert(SeqList &R, KeyType x);//,InfoType y);
     void PrintList();                      // 输出表
  private:
     int length;                            // 实际表长
     int MaxSize;                           // 最大表长
     RecNode *data;                         // 一维动态数组
};
SeqList ::SeqList(int MaxListSize)
{   // 构造函数
    MaxSize=MaxListSize;
    data=new RecNode[MaxSize+1];
    length=0;
}
void SeqList::CreateList(int n)
{
    for(int i=1;i<=n;i++)
        cin>>data[i].key;
    length=n;
}
void SeqList::PrintList( )
{  //表输出
    for(int i=1;i<=length;i++)
        cout<<data[i].key<<"  ";
    cout<<endl;
}
int SeqList::SeqSearch(KeyType k)
{  //R[0] 作为哨兵，用 R[0].key==k 作为循环下界的终结条件
   data[0].key=k;                           // 设置哨兵
   int i=length;                            // 从后向前扫描
```

```
   while(data[i].key!=k)
      i--;
   return i;                        //返回其下标，若找不到，返回0
}
int SeqList::SeqSearch1(KeyType k)
{   //有序表的顺序查找算法
    int i=length;                   //从后向前扫描，表按递增排序
    while(data[i].key > k)
       i--;
    if(data[i].key==k)
       return i;                    //找到，返回其下标
    return 0;                       //找不到，返回0
}
int SeqList::BinSearch(KeyType k,int low,int high)
{   //在区间R[low..high]内二分递归查找关键字值等于k的记录
    //low的初始值为1，high的初始值为n
    int mid;
    while(low<=high){
       mid=(low+high)/2;
       if(data[mid].key==k)return mid;// 查找成功，返回其下标
       if(data[mid].key>k)
          high=mid-1;               //在左子表中继续查找
       else
          low=mid+1;                //在右子表中继续查找
    }
    return 0;                       //查找失败，返回0值
}

void BinInsert(SeqList &R, KeyType x)
{   int low=1, high=R.length, mid, inspace, i ;
    int find=false;                 //find指示是否找到与x相等的关键字，先假设未发现
    while (low<=high && ! find){
       mid=(low+high)/2;
       if(x<R.data[mid].key)high=mid-1;
       else if(x>R.data[mid].key)low=mid+1;
       else  find=true;
    }
    if(find)inspace=mid;            //找到的关键字与x相等，mid为x的插入位置
    else    inspace=low;            //low所指向的结点关键字正好大于x，此时low即为插入位置
    for(i=R.length; i>=inspace; i--)// 后移结点，留出插入的空位
    R.data[i+1]=R.data[i];
    R.data[inspace].key=x;
    R.length++;
}
```

假设主函数编写在k101.cpp中，下面给出主程序及演示结果。

```
//k101.cpp
#include<iostream>
using namespace std;
#include "SeqList.h"                //类的头文件

void main()
{
    int i=0;
    SeqList R;
    R.CreateList(11);
    R.PrintList();
    for(int m=43; m<50; m=m+5){
       i=R.SeqSearch1(m);
       if(i!=0)
          cout<<" 找到 "<<m<<", 位置在 "<<i<<" 处。\n";
```

```
        else
            cout<<"没有找到"<<m<<"。\n";
    }
}
13 25 36 42 48 56 64 69 78 85 92
13  25  36  42  48  56  64  69  78  85  92
没有找到 43。
找到 48，位置在 5 处。
```

10.1.2 二叉排序树

1. 二叉排序树的定义

二叉排序树又称二叉查找树，它是一种特殊结构的树，其定义如下。

二叉排序树或者是一棵空树，或者是具有如下性质的二叉树：

1）若它的左子树非空，则左子树上所有结点的值均小于根结点的值。

2）若它的右子树非空，则右子树上所有结点的值均大于根结点的值。

3）左、右子树本身又各是一棵二叉排序树。

二叉排序树有一个非常重要的性质，那就是按中序遍历该二叉树所得到的中序遍历序列是一个递增有序的序列。

2. 二叉排序树的生成和插入

二叉排序树的生成是依次输入数据元素，生成结点，并把它们插入到二叉排序树的适当位置上。具体的生成过程是：每读入一个元素，建立一个新结点，若二叉排序树为空，则待插入结点作为根结点插入到空树中；当二叉排序树非空，则将新结点的关键字与根结点的关键字比较，若小于根结点的关键字，则将新结点插入到根的左子树中，否则插入到根的右子树中。而子树中的插入过程又和树中的插入过程相同，如此进行下去，直到所有元素结点插入完为止。

3. 二叉排序树上的查找

因为可以将二叉排序树看成是一个有序表，在二叉排序树的左子树上所有结点的关键字均小于根结点的关键字，而右子树所有结点的关键字均大于或等于根结点的关键字，所以在二叉排序树上进行查找与二分查找类似，其查找成功的平均查找长度是 $O(\log_2 n)$。查找过程为：若二叉排序树非空，将给定值与根结点值相比较，若相等，则查找成功；若不等，则当根结点值大于给定值时，到根的左子树中查找，否则在根的右子树中查找。这显然是一个递归过程。

下面给出二叉排序树的生成和查找实例。

【例 10.2】已知长度为 7 的表为

(cat，be，for，more，at，he，can)

按表中元素的次序依次插入，画出插入完成后的二叉排序树，并求其在等概率情况下查找成功的平均查找长度。

【分析】根据给出的表，生成二叉排序树的过程为：首先读入第一个元素 cat，建立一个新结点，因为二叉排序树为空树，因此，该结点作为根结点；接着读入第二个元素 be，与根结点的 cat 比较，"be"<"cat"，所以，以 cat 为关键字的新结点作为根结点的左子树插入到二叉排序树中；再读入第三个元素 for，它比根结点的关键字值 cat 大，插入到右子树中；再读

入第四个元素 more，它比根结点的关键字值 cat 大，应插入到右子树中，因为右子树中已有结点存在，因此，再与右子树的根结点比较，"more">"for"，插入到右子树中，如此下去，直到所有元素插入完为止，由此可得二叉排序树如图 10-1 所示。

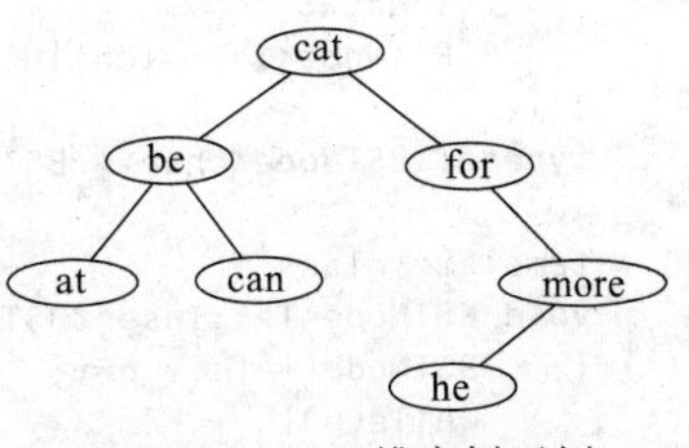

图 10-1　二叉排序树示例

对于字符串的比较是按其在计算机中的 ASCII 码进行的，按字母顺序，排在前面的小，排在后面的大，如 'a'<'b'。

显然，在二叉排序树上进行查找，若查找成功，则是走了一条从根结点出发到待查结点的路径；若查找不成功，则是走了一条从根结点到叶的路径。因此，在二叉排序树上查找时和关键字的比较次数不会超过树的深度，即查找结点与其所在层数有关，查找第一层上的结点需要比较一次，查找第二层上的结点则需要比较两次……所以在等概率情况下，以上所求二叉排序树的平均查找长度为

$$ASL=(1+2\times 2+3\times 3+4\times 1)/7=18/7\approx 2.57$$

把当前查找区间的中间位置上的结点作为根结点，左子表和右子表中的结点分别作为根结点的左子树和右子树，由此得到的二叉树又称为描述二分查找的判定树或比较树，简称二叉判定树。

【例 10.3】假设一组关键字序列为 [45，12，53，36，9，94，24，78，61]，按此顺序输入，画出生成的二叉排序树，并计算其在等概率情况下的平均查找长度，再编程对它进行排序，查询是否有关键字 36 和 77。

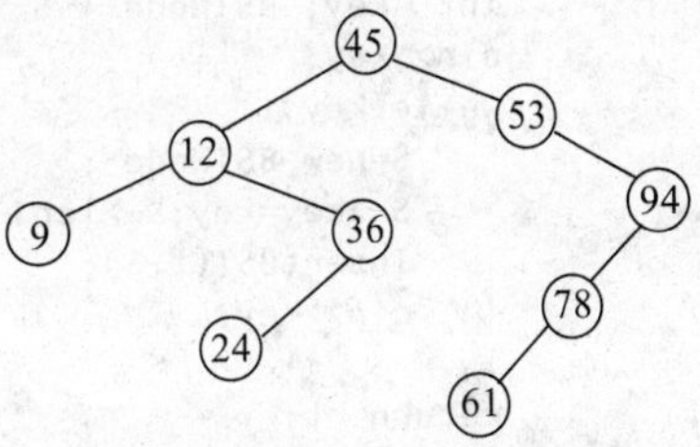

【分析】

按构造二叉排序树的算法，可得如图 10-2 所示的二叉排序树。

图 10-2　二叉排序树

因为可将二叉排序树看成是一个有序表，所以和二分查找类似，在二叉排序树上进行查找也是一个逐步缩小查找范围的过程，查找时与关键字比较的次数不会超过树的深度，第 i 层上的结点恰好需要比较 i 次，所以在等概率情况下，在该二叉排序树上查找的平均查找长度为

$$ASL=(1+2\times 2+3\times 3+4\times 2+5\times 1)/9 = 27/9 = 3$$

在文件 BSTNode.h 中声明并定义类，在文件 k102.cpp 中编写主函数演示查找过程。因为这个序列是无序序列，所以先调用排序成员函数，然后再调用查找成员函数根据关键字进行查找。

```
//BSTNode.h
template<class T>
class BSTNode {
   public:
      BSTNode<T>(){lchild=rchild=0;}
      BSTNode<T>(T e){data=e;lchild=rchild=0;}
      void Visit(){cout<<key<<"  ";}
      void InsertBST(BSTNode *&t,BSTNode * S);
      BSTNode<T>* CreateBST();
      BSTNode<T> * SearchBST(BSTNode *t, int x);
      void InOrder(BSTNode *bt);
```

```
        void PrintList(BSTNode *bt);
    private:
        int key;
        T data;
        BSTNode<T> * lchild,* rchild;
};
typedef BSTNode<char>* BSTree;

template<class T>
void BSTNode<T>::InsertBST(BSTNode *&t,BSTNode * S)
{   BSTNode * f, * p=t;
    while(p){                              //找插入位置
        f=p;                               //令 f 指向 p 的双亲
        if(S->key<p->key)p=p->lchild;
        else p=p->rchild;
    }
    if(t==NULL)t=S;                        //T 为空树，新结点作为根结点
    else if(S->key<f->key)f->lchild=S;// 作为双亲的左孩子插入
     else f->rchild=S;                     // 作为双亲的右孩子插入
}

template<class T>
BSTree BSTNode<T>:: CreateBST(void)
{   //从空树开始，建立一棵二叉排序树
    BSTree t=NULL;                         //初始化 T 为空树
    int  key; BSTNode * S;
    cin>>key;                              //输入第一个关键字
    while(key){                            //key=0 输入结束
        S=new BSTNode ;                    //申请新结点
        S->key=key;S->lchild=S->rchild=NULL; //生成新结点
        InsertBST(t,S);                    //将新结点 *S 插入二叉排序树 T
        cin>>key;                          //输入下一个关键字
    }
    return  t;                             //返回建立的二叉排序树
}
template<class T>
BSTNode<T> * BSTNode<T>::SearchBST(BSTree t, int x)
{ //在二叉排序树上查找关键字值为 x 的结点
  if(t==NULL || t->key==x)
      return t;                            //没找到返回空树，找到则返回所在结点
  if(x<t->key)
      return SearchBST(t->lchild,x);
  else
      return SearchBST(t->rchild,x);
}

template<class T>
void BSTNode<T>::InOrder(BSTNode *bt)
{
    if(bt){
       bt->InOrder(bt->lchild);
       bt->Visit();
       bt->InOrder(bt->rchild);
    }
}

template<class T>
void BSTNode<T>::PrintList(BSTNode *bt)
{   //表输出
    for(int i=1;i<=5;i++)
       cout<<bt[i].key<<"  ";
```

```
    cout<<endl;
}

//k102.cpp
#include<iostream>
using namespace std;
#include "BSTNode.h"
void main()
{
  BSTree bt=NULL;
  BSTNode<char> *s;
  bt=bt->CreateBST();
  bt->InOrder(bt);                    //演示排序
  for(int m=36; m<80; m=m+41){
      s=bt->SearchBST(bt,m);          //查找m
      cout<<endl;
      if(s==NULL)
            cout<<"不存在关键字"<<m<<"。\n";

      else{
            cout<<"找到关键字";
            s->Visit();               //输出m
            cout<<"。"<<endl;
      }
  }
}
```

输入 0 代表完成二叉树的建立，程序运行示例如下：

```
45 12 53 36 9 94 24 78 61 0
9  12  24  36  45  53  61  78  94
找到关键字36 。

不存在关键字77。
```

10.1.3 散列表查找

散列表查找不同于前面的几种查找方法，它是对记录的关键字值进行某种运算，直接求出文件记录的地址，是一种关键字到地址的直接转换方法，而不需要反复比较。

假设 f 包含 n 个结点，R_i（$1 \leqslant i \leqslant n$）为其中的某个结点，$\text{key}_i$ 是其关键字值。若在关键字值 key_i 与结点 R_i 的地址之间建立某种函数关系，则可通过这个函数把关键字值转换成相应结点的地址，即有

$$\text{addr}(R_i)=H(\text{key}_i)$$

其中，H 称为散列函数，$\text{addr}(R_i)$ 称为散列地址。

1. 常用散列函数构造法

（1）直接地址法

直接地址法的散列函数 H 对于关键字是数字类型的文件，直接利用关键字求得散列地址。

$$H(\text{key}) = \text{key} + c$$

在使用时，为了使散列地址与存储空间吻合，可以调整 c 的大小。

（2）数字分析法

数字分析法又称数据选择法。假设有一组关键字，每个关键字由 n 位数字组成，如 $k_1k_2\cdots k_n$。数字选择法是从关键字中选择数字分布比较均匀的若干位作为散列地址。

（3）除余数法

除余数法是选择一个适当的 p（$p \leqslant$ 散列表长 m）去除关键字 k，所得余数作为散列地址。对应的散列函数 $H(k)$ 为

$$H(k) = k\%p$$

其中 p 最好选取小于或等于表长 m 的最大素数。例如，若表长为 20，那么 p 选 19；若表长为 25，则 p 可选 23。

（4）平方取中法

平方取中法是取关键字平方的中间几位作为散列地址，因为一个乘积的中间几位和乘数的每一位都相关，故由此产生的散列地址较为均匀，具体取多少位视实际情况而定。

（5）折叠法

折叠法是首先把关键字分割成位数相同的几段（最后一段的位数可少一些），段的位数取决于散列地址的位数，由实际情况而定，然后将它们的叠加和（舍去最高进位）作为散列地址。

2. 处理冲突方法

在通过散列函数计算散列地址时，有时会存在这样的问题：两个不同的关键字，其函数值（散列地址）相同。我们将这种现象称为冲突，而发生冲突的两个关键字称为该散列函数的同义词。因此，在设计散列函数时，要尽量减少或杜绝冲突，但少量的冲突往往是不可避免的。这样就存在如何解决冲突的问题。冲突的频度除了与散列函数 H 相关外，还与散列表的填满程度相关。假设 m 和 n 分别表示表长和表中填入的结点数，则将 $\alpha=n/m$ 定义为散列表的装填因子。α 越大，表越满，冲突的机会就越大。显然，α 越小，产生冲突的机会越小，但 α 过小，空间的浪费就多，通常取 $\alpha \leqslant 1$。解决冲突的办法有两大类：开放定址法和链地址法。

（1）开放定址法

开放定址法又分为线性探查法、二次探查法和双重散列法。假设散列表空间为 $T[0..m-1]$，散列函数 $H(\text{key})$，开放定址法的一般形式为

$$h_i=(H(\text{key})+d_i)\%\ m \qquad 0 \leqslant i \leqslant m-1$$

其中 d_i 为增量序列，m 为散列表长。$h_0=H(\text{key})$ 为初始探查地址（假设 $d_0=0$），后续的探查地址依次是 $h_1, h_2, \cdots, h_{m-1}$。

1）线性探查法：线性探查法的基本思想是将散列表 $T[0..m-1]$ 看成一个循环向量，若初始探查的地址为 d（即 $H(\text{key})=d$），那么，后续探查地址的序列为：$d+1, d+2, \cdots, m-1, 0, 1, \cdots, d-1$。也就是说，探查时从地址 d 开始，首先探查 $T[d]$，然后依次探查 $T[d+1], \cdots, T[m-1]$，此后又循环到 $T[0], T[1], \cdots, T[d-1]$。下面分两种情况分析，一种运算是插入：若当前探查单元为空，则将关键字 key 代表的记录写入空单元，若不空则继续后续地址探查，直到遇到空单元插入关键字为止，若探查到 $T[d-1]$ 时仍未发现空单元，则插入失败（表满）；另一种运算是查找，若当前探查单元的关键字值等于 key，则表示查找成功，若不等，则继续后续地址探查，若遇到单元的关键字值等于 key，则查找成功，若探查 $T[d-1]$ 时仍未发现关键字值等于 key，则查找失败。

2）二次探查法：二次探查法的探查序列是

$$hi=(H(\text{key})+i^2)\%\ m \qquad 0 \leqslant i \leqslant m-1$$

即探查序列为：$d=H(\text{key}), d+1^2, d-1^2, d+2^2, d-2^2, \cdots$，也就是说，探查从地址 d 开始，先探查

$T[d]$，然后再依次探查 $T[d+1^2]$, $T[d-1^2]$, $T[d+2^2]$, $T[d-2^2]$, …。

3）双重散列法：双重散列法是几种方法中最好的，它的探查序列为

$$h_i=(H(\text{key})+i*H1(\text{key}))\%\ m \qquad 0 \leqslant i \leqslant m-1$$

即探查序列为：$d=H(\text{key})$, $(d+1*H1(\text{key}))\%\ m$, $(d+2*H1(\text{key}))\%\ m$, …。

（2）链地址法（拉链法）

当存储结构是链表时，多采用拉链法，用拉链法处理冲突的办法是：把关键字具有相同散列地址的记录值放在同一个单链表中，称为同义词链表。有 m 个散列地址就有 m 个链表，同时用指针数组 $T[0..m\text{-}1]$ 存放各个链表的头指针，凡是散列地址为 i 的记录都以结点方式插入到以 $T[i]$ 为指针的单链表中。T 中各分量的初值应为空指针。

【例 10.4】设散列函数为 $h(\text{key})=\text{key}\ \%\ 11$；散列地址表空间为 0~10，对关键字序列 [27，13，55，32，18，49，24，38，43]，分别利用拉链法和线性探测法解决冲突，构造散列表，计算其平均查找长度。

【分析】首先根据散列函数计算散列地址：

$h(27)=5$　　$h(13)=2$

$h(55)=0$　　$h(32)=10$

$h(18)=7$　　$h(49)=5$

$h(24)=2$　　$h(38)=5$

$h(43)=10$

1）拉链法：根据散列地址构造的拉链法散列表如图 10-3 所示。由散列表可知，查找时需要比较 1 次的有 5 个元素，需要比较 2 次的有 3 个元素，需要比较 3 次的有 1 个元素，所以该题拉链法的平均查找长度为：ASL=(1×5 ＋ 2×3 ＋ 3×1)/9 ≈ 1.556。又由散列表可知，若待查关键字 K 的散列地址为 $d=h(K)$，且第 d 个链表上具有 i 个结点，则当 K 不在表上时，就需要做 i 次关键字的比较（不包括空指针比较），因此查找不成功的平均查找长度为：

$$\text{ASL}_{\text{unsucc}}=(1+0+2+0+0+3+0+1+0+0+2)/11=9/11 \approx 0.82$$

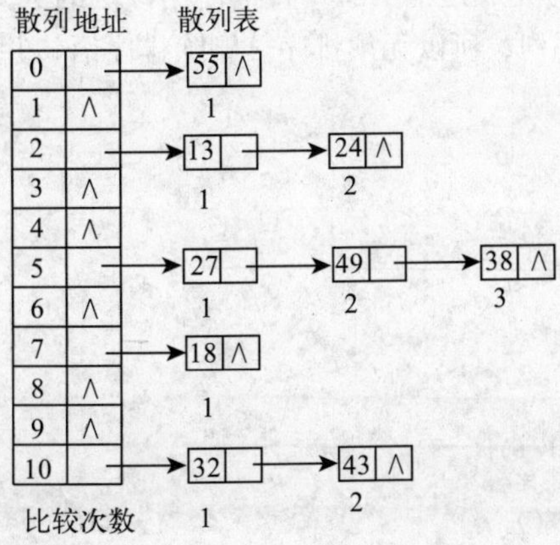

图 10-3　拉链法构造散列表（散列表各元素查找比较次数标注在结点的上方或下方）

2）线性探查法：根据散列函数计算得到的散列地址可知，关键字 27、13、55、32、18 插入的地址均为开放地址，将它们直接插入到 $T[5]$, $T[2]$, $T[0]$, $T[10]$, $T[7]$ 中。当插入关键

字 49 时，散列地址 5 已被同义词 27 占用，故探查 h_1=(5+1)% 11=6，此地址为开放地址，因此可将 49 插入到 T[6] 中；当插入关键字 24 时，其散列地址 2 已被同义词 13 占用，故探查 h_1=(2+1)% 11=3, 此地址为开放地址，因此可将 24 插入到 T[3] 中；当插入关键字 38 时，散列地址 5 已被同义词 27 占用，故探查 h_1=(5+1)% 11=6，也被同义词 49 占用，再探查 h_2=(5+2)%11=7，地址 7 已被非同义词占用，因此需要再探查 h_3=(5+3)% 11=8，此地址为开放地址，因此可将 38 插入到 T[8] 中；当插入关键字 43 时，计算得到的散列地址 10 已被关键字 32 占用，需要探查 h_1=(10+1)% 11=0，此地址已被占用，探查 h_2=(10+2)% 11=1 为开放地址，因此可将 43 插入到 T[1] 中。由此构造的散列表如图 10-4 所示。

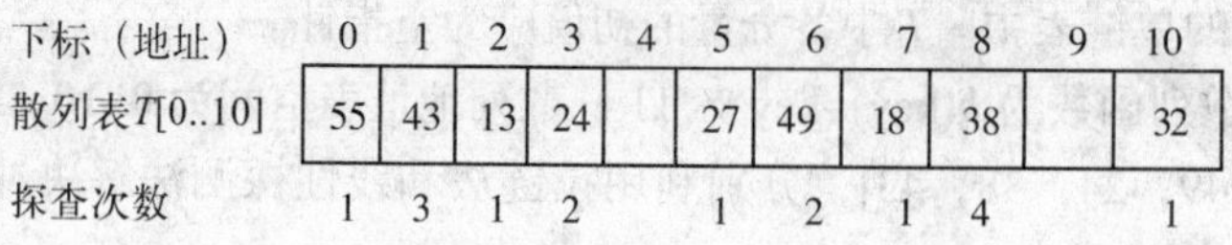

下标（地址）	0	1	2	3	4	5	6	7	8	9	10
散列表 T[0..10]	55	43	13	24		27	49	18	38		32
探查次数	1	3	1	2		1	2	1	4		1

图 10-4　线性探查法构造散列表

由上面构造散列表的过程我们知道，对前 5 个关键字的查找，每一个仅需要比较 1 次，对关键字 49 和 24 的查找则需要比较 2 次，对关键字 38 的查找则需要比较 4 次，而对 43 的查找则需要比较 3 次。因此，对用线性探查法构造的散列表的平均查找长度为

$$\text{ASL}=(1\times 5+2\times 2+3\times 1+4\times 1)/9\approx 1.78$$

10.2　二叉排序树实验解答

10.2.1　实验题目

有 [13 25 36 42 48 56 64 69 78 85 91 95] 和 [11 15 18 26 34 43 49] 两棵二叉排序树，编写程序判断树中是否存在值为 36 的结点。

10.2.2　参考答案

研读例 10.3 即可很容易完成这个实验。直接使用该例的头文件 BSTNode.h，修改主程序即可。因为这是两个有序序列，所以无须排序。删除排序语句并修改主程序以完成这个实验。下面仅给出主程序和运行示例。

```
//shiyan101.cpp
#include<iostream>
using namespace std;
#include "BSTNode.h"
void main()
{
    BSTree bt=NULL;
    BSTNode<char> *s;
    for(int i=0; i<2; i++){
      cout<<" 建立二叉排序树: ";
      bt=bt->CreateBST();
      s=bt->SearchBST(bt,36);  //查找 36
      if(s==NULL)
            cout<<" 不存在关键字 36。\n";
      else{
            cout<<" 找到关键字 ";
            s->Visit();
```

```
            cout<<"。"<<endl;
        }
    }
}
建立二叉排序树: 13 25 36 42 48 56 64 69 78 85 91 95 0
找到关键字 36    。
建立二叉排序树: 11 15 18 26 34 43 49 0
不存在关键字 36。
```

10.3 航班信息的查询与检索课程设计

10.3.1 设计要求

该设计是要求对飞机航班信息进行排序和查找。可按航班的航班号、起点站、到达站、起飞时间以及到达时间等信息进行查询。

对于这个设计，可采用基数排序方法对一组具有结构特征的飞机航班号进行排序（如第 9 章的例 9.6 所介绍的方法），然后利用二分查找的方法对排好序的航班记录按航班号实现快速查找。按其他次关键字的查找可采用最简单的顺序查找方法进行，因为它们用得较少。本设计为了突出查找，不对关键字进行排序，而统一使用顺序查找，把使用基数排序的方法留给有兴趣的学生自己去完成（参考例 9.6）。

每个航班记录包括八项，分别是：航班号、起点站、终点站、航班期、起飞时间、到达时间、机型以及票价，假设航班信息表（8 条记录）如表 10-1 所示。

表 10-1　航班信息表

航班号	起点站	终点站	航班期	起飞时间	到达时间	机　型	票价
CA1544	合肥	北京	1.2.4.5	1055	1240	733	960
MU5341	上海	广州	每　日	1420	1615	M90	1280
CZ3869	重庆	深圳	2.4.6	0855	1035	733	1010
MU3682	桂林	南京	2.3.4.6.7	2050	2215	M90	1380
HU1836	上海	北京	每　日	0940	1120	738	1250
CZ3528	成都	厦门	1.3.4.5.7	1510	1650	CRJ	1060
MU4594	昆明	西安	1.3.5.6	1015	1140	328	1160
SC7425	青岛	海口	1.3.6	1920	2120	DH4	1630

除了票价为数值型外，其他均定义为字符串型。

10.3.2 设计分析

根据设计要求，设计中所用到的数据记录只有航班信息，因此要定义相关的数据类型：

```
struct Infotype{        //航班信息结构
  char start[7];        //起点站
  char end[7];          //终点站
  char sche[12];        //航班期
  char time1[5];        //起飞时间
  char time2[5];        //到达时间
  char model[3];        //机型
  int price;            //票价
};

struct SLnode{          //航班编号结构
```

```
    char keys[7];       //航班号
    Infotype info;      //航班信息
    int next;           //用来指向下一个结点形成静态链表
};
```

然后定义一个 SLnode 类型的数组：

```
SLnode sl[200]; //静态链表，sl[0]为头结点
```

作为类的私有数据成员即可。这里的 next 是为了对航班号使用基数排序而设计的，在本程序中可以不用。不使用 sl[0]，也是留待扩充的（具体用途见例 9.6）。

10.3.3 参考程序

为了简单，类的成员函数设计为内联函数。头文件在 k10.h 中，主程序在 k10.cpp 文件中。下面分别给出文件的内容。

1. 头文件

```
//k10.h
struct Infotype{            //航班信息结构
      char start[7];        //起点站
      char end[7];          //终点站
      char sche[12];        //航班期
      char time1[5];        //起飞时间
      char time2[5];        //到达时间
      char model[3];        //机型
      int price;            //票价
};

struct SLnode{              //航班编号结构
   char keys[7];            //航班号
   Infotype info;           //航班信息
   int next;                //用于扩充（本程序不使用）
   void print()const{       //输出本结点的航班信息
      cout<<"航班号 起点站 终点站    航班期   起飞时间 到达时间 机型 票价\n";
      cout<<keys<<","<<info.start<<","<<info.end<<","<<info.sche
          <<","<<info.time1<<","<<info.time2<<","<<info.model
          <<","<<info.price<<endl;
   }
};                          //结点类型
//类的定义
class SL{
  public:
    SL():keynum(6),length(0){}
    ~SL(){}
    void build()
    {
       char yn='y';
       ++length;
       while(yn=='y' || yn == 'Y')
       {
          cout<<"航班号 起点站 终点站 航班期 起飞时间 "
              <<"  到达时间 机型 票价"<<endl;
          cin>>sl[length].keys>>sl[length].info.start
              >>sl[length].info.end>>sl[length].info.sche
              >>sl[length].info.time1>>sl[length].info.time2
              >>sl[length].info.model>>sl[length].info.price;
          ++length;
          cout<<"继续输入吗？ (y/n)";
          cin>>yn;
```

```
    }
    --length;
}
//顺序查找
void SeqSearch(char* keys,int i)
{
    int flag=1;
    SLnode* current=NULL;
    switch(i)
    {
      case 1:
         for(i=1;i<=length;i++)
              if(strcmp(keys,sl[i].keys)== 0)
              {
                   flag=0;
                   current=&sl[i];
                   current->print();
              }
         if(flag==1)    cout<<"无此航班信息，可能是输入错误！\n";
         break;

      case 2:
         for(i=1;i<=length;i++)
              if(strcmp(keys,sl[i].info.start)== 0)
              {
                   flag=0;
                   current=&sl[i];
                   current->print();
              }
         if(flag==1)    cout<<"无此航班信息，可能是输入错误！\n";
         break;
      case 3:
         for(i=1;i<=length;i++)
              if(strcmp(keys,sl[i].info.end)== 0)
              {
                   flag=0;
                   current=&sl[i];
                   current->print();
              }
         if(flag==1)    cout<<"无此航班信息，可能是输入错误！\n";
         break;
      case 4:
         for(i=1;i<=length;i++)
              if(strcmp(keys,sl[i].info.time1)== 0)
              {
                   flag=0;
                   current=&sl[i];
                   current->print();
              }
         if(flag==1)    cout<<"无此航班信息，可能是输入错误！\n";
         break;
      case 5:
         for(i=1;i<=length;i++)
              if(strcmp(keys,sl[i].info.time2)== 0)
              {
                   flag=0;
                   current=&sl[i];
                   current->print();
              }
         if(flag==1)    cout<<"无此航班信息，可能是输入错误！\n";
         break;
```

```
            default:
                break;
        }
    }
  private:
    SLnode sl[200];              //本程序不使用 sl[0]
    int keynum;                  //记录当前航班号关键字字符个数
    int length;                  //当前表长
};
```

2. 主程序文件

```
//k10.cpp
#include<iostream>
using namespace std;
#include "k10.h"

int main()
{
    SL a;
    a.build();
    while(true)
    {
        cout<<"****************************\n"
            <<"*    航班信息查询系统       *\n"
            <<"****************************\n"
            <<"*        1. 航 班 号        *\n"
            <<"*        2. 起 点 站        *\n"
            <<"*        3. 终 点 站        *\n"
            <<"*        4. 起飞时间        *\n"
            <<"*        5. 到达时间        *\n"
            <<"*        0. 退出系统        *\n"
            <<"****************************\n"
            <<"         请选择(0-5): ";
        int sel;
        char buffers[32];
        cin>>sel;
        switch(sel)
        {
          case 1:
              cout<<"请输入要查询的航班号: ";
              cin >> buffers;
              a.SeqSearch(buffers,sel);
              break;
          case 2:
              cout<<"请输入要查找的起始站点: ";
              cin>>buffers;
              a.SeqSearch(buffers,sel);
              break;
          case 3:
              cout<<"请输入要查找的到达站点: ";
              cin>>buffers;
              a.SeqSearch(buffers,sel);
              break;
          case 4:
              cout<<"请输入要查找的起飞时间: ";
              cin>>buffers;
              a.SeqSearch(buffers,sel);
              break;
          case 5:
              cout<<"请输入要查找的到达时间: ";
```

```
            cin>>buffers;
            a.SeqSearch(buffers,sel);
            break;
        case 0:
            return 0;
        }
    }
}
```

10.3.4 运行示例

这里仅给出部分测试示范。

1. 航班信息输入

编译运行后，首先要求输入信息。系统给出提示，用户按要求输入。提示信息为：

```
航班号 起点站 终点站 航班期      起飞时间 到达时间 机型 票价
```

用户输入如下信息：

```
输入：CA1544 合肥   北京   1.2.4.5    1055      1240      733    960
```

按回车后，系统询问是否需要继续输入。

```
继续输入吗? y/n :
```

回答 y 或 Y 均可。如此反复，要结束输入，回答 n（或任意字符）即可。输入需要仔细，不要产生错误。假设输入完表 10-1 的内容。

2. 航班信息查询

当进入查询子系统之后，立即会显示出如下菜单供用户选择：

```
****************************
*     航班信息查询系统       *
****************************
*        1. 航 班 号        *
*        2. 起 点 站        *
*        3. 终 点 站        *
*        4. 起飞时间        *
*        5. 到达时间        *
*        0. 退出系统        *
****************************
        请选择(0-5):
```

根据要求选择，注意查询航班号时要使用大写字母。

3. 典型示例

```
航班号 起点站 终点站 航班期      起飞时间 到达时间 机型 票价
MU5341 上海    广州    每日       1420      1615    M90  1280
继续输入吗? (y/n)y
航班号 起点站 终点站 航班期      起飞时间 到达时间 机型 票价
CA1544 合肥    北京  1.2.4.5   1055      1240     733  960
继续输入吗? (y/n)y
航班号 起点站 终点站 航班期      起飞时间 到达时间 机型 票价
HU1836 上海   北京    每日       0940      1120     738 1250
继续输入吗? (y/n)y
航班号 起点站 终点站 航班期      起飞时间 到达时间 机型 票价
CZ3566 重庆    深圳   2.4.6    0940      1115     733 1010
继续输入吗? (y/n)n
****************************
```

```
*     航班信息查询系统           *
******************************
*          1. 航 班 号         *
*          2. 起 点 站         *
*          3. 终 点 站         *
*          4. 起飞时间         *
*          5. 到达时间         *
*          0. 退出系统         *
******************************
          请选择(0-5): 2
请输入要查找的起始站点: 上海
航班号 起点站 终点站      航班期     起飞时间 到达时间 机型 票价
MU5341,上海,广州,每日,1420,1615,M90,1280
航班号 起点站 终点站      航班期     起飞时间 到达时间 机型 票价
HU1836,上海,北京,每日,0940,1120,738,1250
******************************
*     航班信息查询系统           *
******************************
*          1. 航 班 号         *
*          2. 起 点 站         *
*          3. 终 点 站         *
*          4. 起飞时间         *
*          5. 到达时间         *
*          0. 退出系统         *
******************************
          请选择(0-5): 2
请输入要查找的起始站点: 0940
无此航班信息, 可能是输入错误!
******************************
*     航班信息查询系统           *
******************************
*          1. 航 班 号         *
*          2. 起 点 站         *
*          3. 终 点 站         *
*          4. 起飞时间         *
*          5. 到达时间         *
*          0. 退出系统         *
******************************
          请选择(0-5): 4
请输入要查找的起飞时间: 0940
航班号 起点站 终点站      航班期     起飞时间 到达时间 机型 票价
HU1836,上海,北京,每日,0940,1120,738,1250
航班号 起点站 终点站      航班期     起飞时间 到达时间 机型 票价
CZ3566,重庆,深圳,2.4.6,0940,1115,733,1010
******************************
*     航班信息查询系统           *
******************************
*          1. 航 班 号         *
*          2. 起 点 站         *
*          3. 终 点 站         *
*          4. 起飞时间         *
*          5. 到达时间         *
*          0. 退出系统         *
******************************
          请选择(0-5): 1
请输入要查询的航班号: HU1836
航班号 起点站 终点站      航班期     起飞时间 到达时间 机型 票价
HU1836,上海,北京,每日,0940,1120,738,1250
******************************
*     航班信息查询系统           *
******************************
```

```
*        1. 航 班 号          *
*        2. 起 点 站          *
*        3. 终 点 站          *
*        4. 起飞时间          *
*        5. 到达时间          *
*        0. 退出系统          *
******************************
         请选择(0-5):
```

10.4 评分标准

本章主要是针对顺序查找，但留有扩充和改进的余地，学生可以在此基础上增加、修改和完善其中未实现的相关功能。建议把链式基数排序列为要求，对排序及查找等概念进行综合练习。本设计以链式基数排序为主线，用到了二分查找和顺序查找等知识，还有建立静态链表的相关概念。因此，该设计可以作为考查学生学习“排序和查找”内容的主要依据。本设计比较简单，所以必须保证程序运行全部正确，才能获得 80 ~ 85 分。

如果学生自己在原来的基础上增加部分内容或加以改进，可以考虑给予加分，一般可以加到 85 分以上。例如，能将航班号改为链式基数排序，使用二分查找实现查询，则可以给 88 ~ 95 分。如果所做的课程设计有所创新，也可给予 90 分以上。

如果学生的部分算法程序存在局部问题，但有些地方又进行了一定的改进或有所创新，则可以适当考虑给 75 ~ 79 分。

如果算法程序部分不正确或调试有问题，一般成绩不能高于 75 分；如果其中大部分程序都有问题或不正确，则不予及格。

第 11 章 文　件

本章的主要目的是使读者掌握文件的基本概念以及文件（包括顺序文件、索引文件、索引顺序文件、散列文件和多关键字文件）的特点、组织方式及基本操作等。

本章的课程设计“图书管理信息系统”是一个比较复杂的文件信息处理系统，不要求学生对这些内容都能够完全理解和掌握，只需要对文件的相关知识和应用有个一般性的了解。

11.1 重点和难点

对本章的学习，读者可结合一些数据实例，设想构造各种组织方式的文件，熟悉和理解各类文件的特点、构造方法以及如何实现文件检索、插入和删除等操作。

11.1.1 文件的基本概念

1. 文件的定义

文件是性质相同的记录的集合。文件的数据量通常很大，它被放置在外存上。数据结构中所讨论的文件主要是数据库意义上的文件，而不是操作系统意义上的文件。操作系统中研究的文件是一维的无结构连续字符序列，而数据库中所研究的文件是带有结构的记录集合，每个记录可由若干个数据构成。记录是文件中存取的基本单位，数据项是文件可使用的最小单位。数据项有时也称为字段，或者称为属性，其值能唯一标识一个记录的数据项称为主关键字项，不能唯一标识一个记录的数据项则称为次关键字项。主关键字项（或次关键字项）的值称为主关键字（或次关键字）。

文件可以按照记录中关键字的多少，分成单关键字文件和多关键字文件。若文件中的记录只有一个唯一标识记录的主关键字，则称其为单关键字文件；若文件中的记录除了含有一个主关键字外，还含有若干个次关键字，则称为多关键字文件。

文件又可分成定长文件和不定长文件两种。若文件中的记录含有的信息长度相同，则称这类记录为定长记录，由定长记录组成的文件称为定长文件；若文件中的记录含有的信息长度不等，则称其为不定长文件。

2. 文件的逻辑结构及操作

文件是记录的汇集，文件中各记录之间存在着逻辑关系，当一个文件的各个记录按照某种次序排列起来时（这种排列的次序可以是记录中关键字的大小，也可以是各个记录存入该文件的时间先后等），各记录之间就自然地形成了一种线性关系。在这种次序下，文件中的每个记录最多只有一个后继记录和一个前驱记录，而文件的第一个记录只有后继没有前驱，文件的最后一个记录只有前驱而没有后继。因此，文件也可以看成是一种线性结构。

文件上的操作主要有两类：检索和维护。

文件的检索主要有 3 种方式：顺序存取、直接存取和按关键字查询。

维护的操作主要是指对文件进行记录的插入、删除及修改等更新操作。

3. 文件的物理结构（存储结构）

文件的存储结构是指文件在外存上的组织方式，采用不同的组织方式就得到不同的存储结构。基本的组织方式有 4 种：顺序组织、索引组织、散列组织和链组织。

由于文件组织方式（即存储结构）的重要性，通常给予不同方式组织的文件不同的名称。目前文件的组织方式很多，人们对文件组织的分类也不尽相同，本章仅介绍几种常用的文件组织方式：顺序文件、索引文件、索引顺序文件、散列文件以及多关键字文件。

11.1.2　常用的文件结构

1. 顺序文件

顺序文件是指按记录进入文件的先后顺序存放、其逻辑顺序和物理顺序一致的文件。若顺序文件中的记录按其主关键字有序，则称此顺序文件为顺序有序文件；否则称为顺序无序文件。

顺序文件不能按顺序表那样的方法进行插入、删除和修改（若修改主关键字，则相当于先删除后插入），因为文件中的记录不能像向量空间的数据那样“移动”，而只能通过复制整个文件的方法实现上述更新操作。

顺序文件的主要优点是连续存取的速度较快，即若文件中第 i 个记录刚被存取过，而下一个要存取的是第 i+1 个记录，则这种存取将会很快完成。

2. 索引文件

用索引的方法组织文件时，通常是在文件本身（称为主文件）之外另外建立一张表，它指明逻辑记录和物理记录之间的一一对应关系，这张表就叫做索引表，它和主文件一起构成的文件称为索引文件。

索引表中的每一项称为索引项，一般索引项都是由主关键字和该关键字所在记录的物理地址组成的。显然，索引表必须按主关键字有序，而主文件本身则可以按主关键字有序或无序，前者称为索引顺序文件，后者称为索引非顺序文件。

对于索引非顺序文件，由于主文件中的记录是无序的，所以必须为每个记录建立一个索引项，这样建立的索引表称为稠密索引。对于索引顺序文件，由于主文件中的记录按关键字有序，所以可对一组记录建立一个索引项，例如，让文件中的每个页块对应一个索引项，这种索引表称为稀疏索引。

索引文件在存储器上分为两个区：索引区和数据区，前者存放索引表，后者存放主文件。

3. 索引顺序文件

ISAM（Indexed Sequential Access Method，索引顺序存取方法）是一种专为磁盘文件设计的文件组织方式，采用静态索引结构。由于磁盘是以盘组、柱面和磁道三级地址存取的设备，则可对磁盘上的数据文件建立盘组、柱面和磁道多级索引，下面只讨论在同一个盘组上建立的 ISAM 文件。

ISAM 文件由多级主索引、柱面索引、磁道索引和主文件组成。文件的记录在同一盘组上存放时，应先集中放在一个柱面上，然后再顺序存放在相邻的柱面上。对同一柱面，则应按盘面的次序顺序存放。

在 ISAM 文件上检索记录时，从主索引出发，找到相应的柱面索引；从柱面索引找到记录所在柱面的磁道索引；从磁道索引找到记录所在磁道的起始地址，由此出发，再在该磁道上进行顺序查找，直到找到为止。若找遍该磁道均不存在此记录，则表明该文件中无此记录；若被查找的记录在溢出区，则可从磁道索引项的溢出索引项中得到溢出链表的头指针，然后对该表进行顺序查找。

当插入新记录时，首先找到它应插入的磁道。若该磁道不满，则将新记录插入该磁道的适当位置上即可；若该磁道已满，直接插入到该磁道的溢出链表上。插入后，可能要修改磁道索引中的基本索引项和溢出索引项。

VSAM（Virtual Storage Access Method，虚拟存储存取方法）也是一种索引顺序文件的组织方式，采用 B^+ 树作为动态索引结构。在讨论 VSAM 文件之前，先介绍 B^+ 树的基本概念。

B^+ 树是一种常用于文件组织的 B 树的变形树。m 阶的 B^+ 树和 m 阶的 B 树的差异是：

1）有 k 个孩子的结点必有 k 个关键字。

2）所有的叶结点包含了全部关键字的信息及指向相应记录的指针，且叶结点本身依照关键字的大小自小到大顺序链接。

3）上面各层次结点中的关键字，均是下一层相应结点中最大关键字的复写（当然也可采用“最小关键字复写”的原则），因此，所有非叶结点可看作是索引部分。

通常在 B^+ 树上有两个头指针 root 和 sqt，前者指向根结点，后者指向关键字最小的叶结点。因此，可以对 B^+ 树进行两种查找运算：一种是从最小关键字起进行顺序查找；另一种是从根起随机查找。

在 B^+ 树上进行随机查找、插入和删除的过程，基本上与 B 树类似。只是在查找时，若非叶结点上的关键字等于给定值，并不终止，而是继续向下直到叶结点。因此，在 B^+ 树中，不管查找成功与否，每次查找都是走了一条从根到叶结点的路径。B^+ 树查找的分析类似于 B 树。

在 VSAM 文件中删除记录时，需将同一控制区间中比删除记录关键字大的记录向前移动，把空间留给以后插入的新记录。若整个控制区间变空，则回收作为空闲区间，且需删除顺序集中相应的索引项。

和 ISAM 文件相比，基于 B^+ 树的 VSAM 文件有如下优点：能保持较高的查找效率，查找一个后插入记录和查找一个原有记录具有相同的速度；动态地分配和释放存储空间，可以保持平均 75% 的存储利用率；永远不必对文件进行再组织。因而，基于 B^+ 树的 VASM 文件通常被作为大型索引顺序文件的标准组织结构。

4. 散列文件

散列文件是利用散列存储方式组织的文件，亦称为直接存取文件。它类似于散列表，即根据文件中关键字的特点，设计一个散列函数和处理冲突的方法，将记录散列到存储设备上。

与散列表不同的是，对于文件来说，磁盘上的文件记录通常是成组存放的，若干个记录组成一个存储单位，在散列文件中，这个存储单位叫做桶（bucket）。假如一个桶能存放 m 个记录，则当桶中已有 m 个同义词的记录时，存放第 m+1 个同义词会发生“溢出”。处理溢出虽可采用散列表中处理冲突的各种方法，但对散列文件而言，主要采用拉链法。

在散列文件中进行查找时，首先根据给定值求出散列桶地址，将基桶的记录读入内存，进行顺序查找，若找到关键字等于给定值的记录，则检索成功；否则，读入溢出桶的记录继续进行查找。

在散列文件中删去一个记录时，仅需对被删除记录标记即可。

散列文件的优点是：文件随机存放，记录不需进行排序；插入、删除运算方便，存取速度快，不需要索引区，节省存储空间。其缺点是：不能进行顺序存取，只能按关键字随机存取，且询问方式限于简单询问，并且在经过多次插入、删除后，也可能造成文件结构不合理，需要重新组织文件。

5. 多关键字文件

前面介绍的文件都是只含一个主关键字的文件。若需对主关键字以外的其他次关键字进行查询，则只能顺序存取主文件中的每一个记录，然后进行比较，效率很低。为此，需要对被查询的次关键字建立相应的索引，这种包括多个关键字索引的文件称为多关键字文件，其组织方法有多重表文件和倒排文件两种。多重表文件是将索引方法和链接方法相结合的一种组织方式，它对每个需要查询的次关键字建立一个索引，同时将具有相同次关键字的记录链接成一个链表，并将此链表的头指针、链表长度及次关键字作为索引表的一个索引项。通常多重表文件的主文件是一个顺序文件。

倒排文件和多重表文件的区别在于次关键字索引的结构不同，倒排文件中的次关键字索引称为倒排表。具有相同次关键字的记录之间不进行链接，而是在倒排表中列出具有该次关键字记录的物理地址。

倒排表的主要优点是：在处理复杂的多关键字查询时，可在倒排表中先完成查询的交、并等逻辑运算，得到结果后再对记录进行存取。这样不必对每个记录随机存取，把对记录的查询转换为地址集合的运算，从而提高查找速度。

11.2　文件实例

下面将通过一些例题来加强读音对文件概念的理解。

【例 11.1】设有一个学生文件，其记录格式为 [学号，姓名，性别，年龄，籍贯，成绩]，其中“学号”为关键字，并存有如表 11-1 所示的 6 条记录。

利用该文件，分别写出下面要求的文件或表：

1）按主关键字“学号”建立的索引表。

2）按“性别”和“籍贯”的多重表文件。

3）按“性别”和“籍贯”的倒排文件。

表 11-1　学生文件

记录号	学号	姓名	性别	年龄	籍贯	成绩
1	98001	赵琴	女	18	北京	88
2	98003	钱枫	男	19	南京	79
3	98005	孙南	男	17	北京	85
4	98002	李刚	男	18	河南	94
5	98004	周萍	女	17	南京	91
6	98006	陈力	男	19	河南	76

【分析】假设记录号就代表物理地址。

1）为了提高查找速度，采用索引的方法组织文件。因此，对于上述学生文件，建立的索引表如表 11-2 所示。

2）多重表文件是按主关键字顺序有序，对每个需要查询的次关键字建立一个索引，同时将具有相同次关键字的记录链成一个链表，并将此链表的头指针、链表长度及次关键字，作为索引表的一个索引项，如表 11-3 所示。对于学生文件，按次关键字“性别”和“籍贯”建立多重表文件，如表 11-4 和表 11-5 所示。

表 11-2 索引表

关键字学号	记录	关键字学号	记录
98001	1	98004	5
98002	4	98005	3
98003	2	98006	6

表 11-3 多重表主文件

记录	学号	姓名	性别	性别指针	年龄	籍贯	籍贯指针	成绩
1	98001	赵琴	女	5	18	北京	3	88
2	98003	钱枫	男	3	19	南京	5	79
3	98005	孙南	男	6	17	北京	∧	85
4	98002	李刚	男	2	18	河南	6	94
5	98004	周萍	女	∧	17	南京	∧	91
6	98006	陈力	男	∧	19	河南	∧	76

表 11-4 “性别”索引多重表

次关键字	指针	长度
男	4	4
女	1	2

表 11-5 “籍贯”索引多重表

次关键字	头指针	长度
北京	1	2
南京	2	2
河南	4	2

3）倒排文件中的次关键字索引为倒排表，具有相同次关键字的记录之间不设指针链，而在倒排表中该次关键字的一项中存这些记录的物理记录号。主文件同表 11-1，则从表 11-4 和表 11-5 得到的关于“性别”和“籍贯”索引的倒排表如表 11-6 和表 11-7 所示。

表 11-6 “性别”索引倒排表

次关键字	头指针	次关键字	头指针
男	2，3，4，6	女	1，5

表 11-7 “籍贯”索引倒排表

关键字	头指针	关键字	头指针
北京	1，3	河南	4，6
南京	2，5		

【例 11.2】图书馆为了允许读者按作者、出版社和分类号进行查询，对如表 11-8 所示的图书目录建立倒排文件，试用图表表示。

表 11-8　图书目录表（主文件）

记录号	分类号	作者	出版社	书名	藏书量
1	101	赵三	教育	高等数学	15
2	101	赵三	教育	普通物理	18
3	102	李四	科学	少儿知识	12
4	103	王五	科学	经济学	6
5	101	赵三	教育	数据库技术	23
6	101	李四	科学	天文学	5

【分析】该文件的倒排文件如表 11-9 所示。

表 11-9　图书文件的倒排文件表

a)“分类号”倒排表

分类号	记录号
101	1，2，5，6
102	3
103	4

b)“作者”倒排表

作者	记录号
赵三	1，2，5
李四	3，6
王五	4

c)“出版社”倒排表

出版社	记录号
教育	1，2，5
科学	3，4，6

11.3　演示文件和重载实例

改写主教材例 11.1 程序中的重载运算符，使名字可以有空格。例如“李明”可以写作“李 明”。

主教材例 11.1 的题目是：假设有一个存有姓名和薪金的结构数组，使用运算符重载把结构数组元素作为整体写入文件，然后再读出文件内容。

使用 getline 成员函数可以解决空格问题，这里增加一组数据，程序实现如下：

```
#include <iostream.h>
#include <fstream.h>

struct list{
    double salary;
    char name[20];
    friend ostream &operator << (ostream &os, list &ob);
    friend istream &operator >> (istream &is, list &ob);
};
istream & operator >> (istream &is,list &ob)
{
    is.getline(ob.name,20,'\t');
    is>>ob.salary;
    return is;
}
ostream & operator << (ostream &os,list &ob)
{
      os << ob.name <<"\t";
      os << ob.salary<<endl;
      return os;
}
void main()
{
  list worker2[3];
  list worker1[3]={{1256," 李  明 "},{3467," 张玉柱 "},
```

```
    {2458.5,"王  三"}};
    ofstream tfile2("pay.txt");
    for(int i=0;i<3;i++)
        tfile2<<worker1[i];          //将 worker1[i] 作为整体对待
    tfile2.close();
    ifstream pay("pay.txt");
    for( i=0;i<3;i++)
            pay>>worker2[i];         //将 worker2[i] 作为整体对待
    for( i=0;i<3;i++)
            cout<<worker2[i]<<endl;  //将 worker2[i] 作为整体对待
}
```

程序运行结果如下：

```
李  明   1256
张玉柱   3467
王  三   2458.5
```

11.4 图书管理信息系统课程设计

在许多应用处理方面，特别是在处理面向事务管理类型的问题（例如，财务管理、图书资料管理、人事档案管理等）时，都将涉及大量的数据处理，由于内存不适合存储这类数量很大而且保存期又较长的数据，因此一般是将它们存于外存设备中，把这种存放在外存中的数据结构称为文件。

11.4.1 设计要求

图书信息表所表示的就是一个数据库文件。图书管理一般包括：图书采编、图书编目、图书查询及图书流通（借书、还书）等。要求设计一个图书管理信息系统，用计算机实现上述系统功能。具体设计要求如下：

1）建立一个图书信息数据库文件，输入若干种书的记录，建立一个以书号为关键字的索引文件；在主数据库文件中建立以书名、作者及出版社作为次关键字的索引以及对应的索引链头文件，如表 11-10~ 表 11-13 所示。

2）实现关于书号、书名、作者及出版社的图书查询。

表 11-10 图书主索引文件

记录号	书号	书名	指针 1	作者	指针 2	出版社	指针 3	分类	藏书量	借出数
1	1021	数据库	0	李小云	0	人民邮电	0	021	8	0
2	1014	数据结构	0	刘晓阳	0	中国科学	0	013	6	0
3	1106	操作系统	0	许海平	0	人民邮电	1	024	7	0
4	1108	数据结构	2	苏仕华	0	清华大学	0	013	5	0
5	1203	程序设计	0	李小云	1	中国科学	2	035	6	0
6	2105	数据库	1	许海平	3	清华大学	4	021	6	0
7	1012	数据结构	4	李小云	5	人民邮电	3	013	5	0
8	0109	程序设计	5	刘晓阳	2	清华大学	6	035	7	0

3）实现图书的借还子系统，包括建立读者文件、借还文件、读者管理及图书借还等的处理。

表 11-11 书名索引链头文件

书名	链头地址	长度
数 据 库	6	2
数据结构	7	3
操作系统	3	1
程序设计	8	2

表 11-12 作者索引链头文件

作者	链头地址	长度
李小云	7	3
刘晓阳	8	2
徐海平	6	2
苏仕华	4	1

表 11-13 出版社索引链头文件

出版社	链头指针	长度
人民邮电	7	3
中国科学	5	2
清华大学	8	3

11.4.2 设计分析

下面分析类及其典型成员函数的设计思想。

1. 图书类设计思想

设计一个图书类 Lib。因为本程序要涉及对各种图书的管理及相应文件的读写，所以将各种文件对象作为私有数据成员，然后根据管理要求设计相应的成员函数，成员函数的返回类型和参数尽量简单。

```
//Lib 类
class Lib{
  public:
    int getNrbooks();                      //取 BookDbaseFile 结构的 len
    void AppDbaseRec
        (const BookRecType& newbook);      //追加一条图书主数据库记录
    void ChangeBnoIdxF(int indexofrec);    //修改书号索引
    void ChangeLinkHeadF1(int indexofrec); //修改书名索引和链头索引
    void ChangeLinkHeadF2(int indexofrec); //修改作者索引和链头索引
    void ChangeLinkHeadF3(int indexofrec); //修改出版社索引和链头索引
    int BinSearch(int key);                //按书号查找
    int BnameFind(char* keys);             //按书名查找
    int BauthFind(char* keys);             //按作者名查找
    int BnameFind1(char* keys);            //按出版社查找
    void ShowRec(int indexofrec);          //输出一条主数据库记录
    void SearchBook();                     //图书查询控制
    void BorrowBook();                     //借书管理
    void BackBook();                       //还书管理
    void ReaderManage();                   //读者管理
    void writeFile();                      //写各类文件
    void readFile();                       //读各类文件
  private:
    BookDbaseFile dbf;                     //图书数据库文件对象
    BnoIdxFile bif;                        //书号索引文件对象
    LHFile1   lf1;                         //书名链头索引文件对象
    LHFile2   lf2;                         //作者链头索引文件对象
    LHFile3   lf3;                         //出版社链头索引文件对象
    ReadFile   rf;                         //读者文件对象
    BbookFile  bf;                         //借还书文件对象
};
static const char * sdbf  ="book";
static const char* sbif="bidx";
static const char* slf1="nidx";
static const char* slf2="aidx";
static const char* slf3="pidx";
static const char* srf="read";
static const char* sbf="bbff";
```

设计 7 个全局静态常量字符指针作为文件名。设计 7 个私有数据成员，这些数据成员均由相应的结构对象构成。因为涉及对这些结构文件的读写，为了方便、易懂，直接在这些结构中设计实现相应功能的内联函数（C++ 的结构也可以含有函数）。

2. 典型成员函数设计思想

根据要求设计相应的成员函数。首先要建立图书数据库文件及按书号的索引文件。建立文件时，在输入记录建立数据库文件的同时，也建立一个索引表。索引表中的索引项按记录输入的书号升序排列（用插入排序法），并同时修改相关的索引及链头文件。为了方便起见，可以将文件用记录数组替代。

1）下面是对追加一条图书记录的算法描述。

```
//追加一条图书主数据库记录
void AppDbaseRec(const BookRecType& newbook)
{dbf.append(newbook);}
```

这里使用 BookDbaseFile 结构的 append 函数，append 函数将给定的记录追加到数据库文件中，并将图书记录计数器加 1，即 BookDbaseFile 结构的 len 加 1。类 Lib 设计一个成员函数可以得到这个 len 值。

```
int  getNrbooks();                          //取 BookDbaseFile 结构的 len
```

2）下面是对书号索引文件进行修改的算法描述。

```
void ChangeBnoIdxF(int indexofrec)
{
    取当前图书记录中的长度；
    while(j>=0)
    {  //找插入位置
        if(dbf.BookDbase[i].bno > bif.BnoIdx[j].bno )// 大于第 j 个记录的书号
         {   k=j+1;break;}
        j--;
    }
    //记录后移
    //在有序索引表中插入一个索引记录
}
```

该设计的图书文件是一个多关键字文件，除了书号为主关键字外，还有多个次关键字，如书名、作者、出版社等。

在这个设计中采用多重表文件方式来表示图书文件。

根据设计要求，需要建立三项次关键字的索引和相对应的链头索引文件。建立次关键字索引及建立链头索引文件的基本思想是：根据一条主文件的记录，将要建立索引的次关键字与对应的链头索引文件中的关键字比较，若有相等的，就将主文件中的索引指针修改成链头指针文件中的当前指针，同时修改链头文件中的链头指针为当前主文件的记录指针并将记录个数加 1；若没有相等的，将主文件中的索引指针置成 -1，修改链头文件中的链头指针为当前主文件的记录指针并将记录个数置成 1。下面以书名次关键字建立索引为例，描述具体算法。

3）下面是对修改书名索引和链头索引的算法描述。

```
void ChangeLinkHeadF1(BookDbaseFile &df, LHFile1 &lhf1)
{
    处理图书文件当前记录；
    while(j<=lhf1.len1)
    {
        在链头文件中查找与次关键字相等的记录；
        if( 相等 )
```

```
        {  k=j;break;}
        j++;
    }
    //采用头插法建立索引
    if(找到相等的记录)
    {
        链头文件记录的指针存入图书主文件当前记录的相应指针域；
        主文件的当前记录号（假定为指针）存入链头文件的指针域；
        链头文件记录的记录计数器加1;
    }
    else
    {
        主文件中当前记录的指针域置-1;
        建立书名索引结构对象temp;
        为temp赋值；
        使用LHFile1的对象lf1实现；
        lf1.append(tmp);
    }
}
```

4）下面是对实现关于书号、书名、作者及出版社查询及控制的算法描述。

首先设计一个完成控制流程的成员函数。

```
void SearchBook()
{
  int sel;
  while(true)
  {
    cout<<" 图书查询子系统\n"
        <<"------------------\n"
        <<"1.书   号  2.书   名\n"
        <<"3.作   者  4.出版社\n"
        <<"5.退   出   查   询  \n"
        <<"------------------\n"
        <<"请用户选择: ";
    cin>>sel;
    switch(sel){
        case 1: 输入书号；调用书号查询算法；break;
        case 2: 输入书名；调用书名查询算法；break;
        case 3: 输入作者；调用作者查询算法；break;
        case 4: 输入出版社；调用出版社查询算法；break;
        case 5: return;
    }
  }
}
```

由于图书文件已按书号建立了索引文件，也就是说已按书号索引有序，因此，可采用二分查找算法来实现书号查询，其他的则按顺序查询即可。这些都比较简单，不再赘述。

5）借书处理算法的描述如下：

```
void BorrowBook()
{
    输入读者号、书号、借阅日期；
    借书处理：查找读者文件，验证读者身份，先检验读者是否可以借书，若不能借，就提示读者“非法读
    者!”或“书已借满!”；如可借，则查图书主文件，看需要借阅的图书是否已被借出，若已借出，则显示
    “图书已借出!”，否则，在借还书文件中追加一条记录，记录相关内容，并分别修改图书文件和读者文件；
}
```

6）还书处理算法描述如下：

```
void BackBook()
```

```
{
    输入读者号、书号、还书日期;
    还书处理: 查找读者文件, 修改借书数;
    查图书主文件, 修改借出数;
    查询借还书文件, 填入还书日期;
}
```

3. 设计数据文件类型

根据设计要求，为相应文件设计对应的数据结构类型。前面已经说过，为其定义 7 种数据文件。下面以定义主数据库文件为例说明设计思想。

```
//定义主数据库文件
struct BookRecType{          //数据库记录类型
       int bno;              //书号
       char bname[21]        //书名
       int  namenext;        //书名指针链，为了处理方便，仅将数据库记录号看成记录的地址指针
       char author[9];       //作者
       int  authnext;        //作者链指针（用记录号）
       char press[11];       //出版社
       int  prenext;         //出版社链指针（用记录号）
       char sortno[4];       //分类号
       int  storenum;        //藏书量
       int  borrownum;       //借出数
       void serilize(ofstream& out);
       void deserilize(ifstream& in);
       BookRecType& operator=(const BookRecType& other);
};

struct BookDbaseFile{
    int len;
    int allocated;
    BookRecType *BookDbase;
    void serilize(ofstream& out);
    void deserilize(ifstream& in);
    BookDbaseFile();
    ~BookDbaseFile();
    void append(const BookRecType& n);
};
```

在结构 BookDbaseFile 中，定义 BookRecType 结构的指针 *BookDbase。每个结构又具有自己的操作函数，这就大大简化了类 Lib 的定义。在类 Lib 中的私有部分使用语句

```
BookDbaseFile dbf;                          //图书数据库文件对象
```

定义一个私有数据成员 dbf 即可。其他 6 个文件的设计思想与此类似，并且均在类 Lib 中定义相应的私有数据成员。

4. 设计主程序中的菜单

在主程序中设计一个控制循环程序段。

```
//准备工作
while(true)
{
    cout<<"图书管理系统\n"
    <<"============\n"
    <<"1. 系统维护\n"
    <<"2. 读者管理\n"
    <<"3. 图书管理\n"
    <<"4. 图书流通\n"
    <<"5. 退出系统\n"
```

```
        <<"==========\n"
        <<"请选择 1-5:";
        cin>>k;
        switch(k)
        {
            case 1: 读入已有文件 break;
            case 2: 输入读者信息 break;
            case 3: 图书管理子系统有两项选择
                 1. 图书信息输入
                 2. 图书信息查询
                 根据选择进行相应操作
                 break;
            case 4: 图书流通子系统有两项选择
                 1. 借书处理
                 2. 还书处理
                 根据选择进行相应操作
                 break;
            case 5: 写文件
                 return 0;

        }
}
```

11.4.3 程序清单

将 7 个数据结构定义在头文件 k11.h 中，类 Lib 定义在头文件 Lib.h 中，主程序定义在文件 k11.cpp 中。

1. 结构头文件

```
#include<iostream>
#include<fstream>

using namespace std;
//1)定义主数据库文件
struct BookRecType{      //数据库记录类型
       int bno;          //书号
       char bname[21];  //书名
       int  namenext;   //书名指针链，为了处理方便，仅将数据库记录号看成记录的地址指针
       char author[9];  //作者
       int  authnext;   //作者链指针(用记录号)
       char press[11];  //出版社
       int  prenext;    //出版社链指针(用记录号)
       char sortno[4];  //分类号
       int  storenum;   //藏书量
       int  borrownum;  //借出数
       void serilize(ofstream& out)
       {
           out.write((const char*)this,sizeof(*this));
       }
       void deserilize(ifstream& in)
       {
           in.read((char*)this,sizeof(*this));
       }
       BookRecType& operator=(const BookRecType& other)
       {
           memcpy(this,&other,sizeof(*this));
           return *this;
       }
 };
```

```
struct BookDbaseFile{
    int len;
    int allocated;
    BookRecType *BookDbase;
    void serilize(ofstream& out)
    {
        out<<len;
        for(int i=0;i<len;i++)
            BookDbase[i].serilize(out);
    }
    void deserilize(ifstream& in)
    {
        if(BookDbase != NULL)
            delete [] BookDbase;
        in>>len;
        cout<<"读入"<<len<<"条记录。"<<endl;
        BookDbase=new BookRecType[len*2+50];
        allocated=2*len+50;
        for(int i=0;i<len;i++)
            BookDbase[i].deserilize(in);
    }
    BookDbaseFile():len(0),allocated(100){
        BookDbase=new BookRecType[allocated];
    }
    ~BookDbaseFile(){
        if(BookDbase != NULL)
            delete [] BookDbase;
        len=0;
        BookDbase=NULL;
    }
    void append(const BookRecType& n)
    {
        if(allocated == len)
        {
            allocated=allocated*2;
            BookRecType* nb=new BookRecType[allocated];
            memcpy(nb,BookDbase,len*sizeof(BookRecType));
            delete [] BookDbase;
            BookDbase=nb;
        }
        BookDbase[len]=n;
        len++;
        cout<<"已有"<<len<<"条记录。"<<endl;
    }
};
//2)定义书号索引文件
struct BidxRecType{
    int bno;
    int RecNo;
    void serilize(ofstream& out)
    {
        out.write((const char*)this,sizeof(*this));
    }
    void deserilize(ifstream& in)
    {
        in.read((char*)this,sizeof(*this));
    }
    BidxRecType& operator=(const BidxRecType& other)
    {
        bno=other.bno;
        RecNo=other.RecNo;
```

```
        return *this;
    }
};

struct BnoIdxFile{
    int len;
    int allocated;
    BidxRecType* BnoIdx;

    void serilize(ofstream& out)
    {
        out<<len;
        cout<<"写入"<<len<<"条记录。"<<endl;
        for(int i=0;i<len;i++)
            BnoIdx[i].serilize(out);
    }
    void deserilize(ifstream& in)
    {
        in>>len;
        cout<<"读入"<<len<<"条索引。"<<endl;
        allocated=2*len+50;
        if(BnoIdx != NULL)
        {
            delete [] BnoIdx;
        }
        BnoIdx=new BidxRecType[allocated];
        for(int i=0;i<len;i++)
            BnoIdx[i].deserilize(in);
    }
    void append(const BidxRecType& bir)
    {
        if(allocated==len)
        {
            //allocated more space
            allocated=allocated*2;
            BidxRecType* nb=new BidxRecType[allocated];
            memcpy(nb,BnoIdx,len*sizeof(BidxRecType));
            delete []BnoIdx;
            BnoIdx=nb;
        }
        BnoIdx[len]=bir;
        len++;
    }
    ~BnoIdxFile()
    {
        if(BnoIdx != NULL)
            delete []BnoIdx;
        BnoIdx=NULL;
        len=0;
    }
    BnoIdxFile():len(0),allocated(100)
    {
        BnoIdx=new BidxRecType[allocated];
    }
};

//3)定义书名链头索引文件
struct BNRecType{
    char bname[21];
    int lhead;
    int RecNum;
```

```
    void serilize(ofstream& out)
    {
        out.write((const char*)this,sizeof(*this));
    }
    void deserilize(ifstream& in)
    {
        in.read((char*)this,sizeof(*this));
    }
    BNRecType& operator=(const BNRecType& o)
    {
        memcpy(this,&o,sizeof(*this));
        return *this;
    }
};

struct LHFile1{
    int len;
    int allocated;
    BNRecType* LHFrec1;
    LHFile1():len(0),allocated(100)
    {
        LHFrec1=new BNRecType[allocated];
    }
    ~LHFile1()
    {
        if(LHFrec1 != NULL)
            delete []LHFrec1;
        len=0;
        LHFrec1=NULL;
    }
    void serilize(ofstream& out)
    {
        out<<len;
        for(int i=0;i<len;i++)
        {
            LHFrec1[i].serilize(out);
        }
    }
    void deserilize(ifstream& in)
    {
        in>>len;
        if(LHFrec1 != NULL)
        {
            delete []LHFrec1;
        }
        allocated=2*len+50;
        LHFrec1=new BNRecType[allocated];
        for(int i=0;i<len;i++)
            LHFrec1[i].deserilize(in);
    }
    void append(const BNRecType& o)
    {
        if(len == allocated)
        {
            allocated*=2;
            BNRecType* nb=new BNRecType[allocated];
            memcpy(nb,LHFrec1,sizeof(BNRecType)*len);
            delete []LHFrec1;
            LHFrec1=nb;
        }
        LHFrec1[len]=o;
```

```
        len++;
    }
};

//4)定义作者链头索引文件
struct BARecType{
    char author[9];
    int lhead;
    int RecNum;
    void serilize(ofstream& out)
    {
        out.write((const char*)this,sizeof(*this));
    }
    void deserilize(ifstream& in)
    {
        in.read((char*)this,sizeof(*this));
    }
    BARecType& operator=(const BARecType& o)
    {
        memcpy(this,&o,sizeof(*this));
        return *this;
    }
};

struct LHFile2{
    int len;
    int allocated;
    BARecType* LHFrec2;
    LHFile2():len(0),allocated(100){
        LHFrec2=new BARecType[allocated];
    }
    ~LHFile2()
    {
        len=0;
        if(LHFrec2 != NULL)
            delete []LHFrec2;
        LHFrec2=NULL;
    }
    void serilize(ofstream& out)
    {
        out<<len;
        for(int i=0;i<len;i++)
            LHFrec2[i].serilize(out);
    }
    void deserilize(ifstream& in)
    {
        in>>len;
        allocated=2*len+50;
        if(LHFrec2 != NULL)
            delete []LHFrec2;
        LHFrec2=new BARecType[allocated];
        for(int i=0;i<len;i++)
            LHFrec2[i].deserilize(in);
    }
    void append(const BARecType& o)
    {
        if(len == allocated)
        {
            allocated*=2;
            BARecType* nb=new BARecType[allocated];
            memcpy(nb,LHFrec2,sizeof(BARecType)*len);
```

```
            delete [] LHFrec2;
            LHFrec2=nb;
        }
        LHFrec2[len]=o;
        len++;
    }
};

//5)定义出版社链头索引文件
struct BPRecType{
    char press[11];
    int lhead;
    int RecNum;
    void serilize(ofstream& out)
    {
        out.write((const char*)this,sizeof(*this));
    }
    void deserilize(ifstream& in)
    {
        in.read((char*)this,sizeof(*this));
    }
    BPRecType& operator=(const BPRecType& o)
    {
        memcpy(this,&o,sizeof(*this));
        return *this;
    }
};

struct LHFile3{
    int len;
    int allocated;
    BPRecType* LHFrec3;
    LHFile3():len(0),allocated(100)
    {
        LHFrec3=new BPRecType[allocated];
    }
    ~LHFile3()
    {
        if(LHFrec3 != NULL)
            delete []LHFrec3;
        len=0;
        LHFrec3=NULL;
    }
    void serilize(ofstream& out)
    {
        out<<len;
        for(int i=0;i<len;i++)
            LHFrec3[i].serilize(out);
    }
    void deserilize(ifstream& in)
    {
        in>>len;
        allocated=2*len+50;
        if(LHFrec3 != NULL)
            delete [] LHFrec3;
        LHFrec3=new BPRecType[allocated];
        for(int i=0;i<len;i++)
            LHFrec3[i].deserilize(in);
    }
    void append(const BPRecType& o)
    {
```

```
        if(len == allocated)
        {
            allocated*=2;
            BPRecType* nb=new BPRecType[allocated];
            memcpy(nb,LHFrec3,sizeof(BPRecType)*len);
            delete [] LHFrec3;
            LHFrec3=nb;
        }
        LHFrec3[len]=o;
        len++;
    }
};

//6)定义读者文件
struct RRecType{
    int rno;
    char name[8];
    int bn1;
    int bn2;
    void serilize(ofstream& out)
    {
        out.write((const char*)this,sizeof(*this));
    }
    void deserilize(ifstream& in)
    {
        in.read((char*)this,sizeof(*this));
    }
    RRecType& operator=(const RRecType& o)
    {
        memcpy(this,&o,sizeof(*this));
        return *this;
    }
};

struct ReadFile{
    int len;
    int allocated;
    RRecType* ReadRec;
    ReadFile():len(0),allocated(100)
    {
        ReadRec=new RRecType[allocated];
    }
    ~ReadFile()
    {
        if(ReadRec != NULL)
            delete [] ReadRec;
        len=0;
    }
    void serilize(ofstream& out)
    {
        out<<len;
        for(int i=0;i<len;i++)
            ReadRec[i].serilize(out);
    }
    void deserilize(ifstream& in)
    {
        in>>len;
        allocated=len*2+50;
        if(ReadRec != NULL)
            delete [] ReadRec;
        ReadRec=new RRecType[allocated];
```

```
        for(int i=0;i<len;i++)
            ReadRec[i].deserilize(in);
    }
    void append(const RRecType& o)
    {
        if(len == allocated)
        {
            allocated*=2;
            RRecType* nb=new RRecType[allocated];
            memcpy(nb,ReadRec,sizeof(RRecType)*len);
            delete []ReadRec;
            ReadRec=nb;
        }
        ReadRec[len]=o;
        len++;
    }
};

//7)定义借书还书文件
struct BbookRecType{
    int rno;
    int bno;
    char date1[9];
    char date2[9];
        void serilize(ofstream& out)
        {
            out.write((const char*)this,sizeof(*this));
        }
        void deserilize(ifstream& in)
        {
            in.read((char*)this,sizeof(*this));
        }
    BbookRecType& operator=(const BbookRecType& o)
    {
        rno=o.rno;
        bno=o.bno;
        memcpy(date1,o.date1,9);
        memcpy(date2,o.date2,9);
        return *this;
    }
};

struct BbookFile{
    int len;
    int allocated;
    BbookRecType* Bbook;
    BbookFile():len(0),allocated(100){
        Bbook=new BbookRecType[allocated];
    }
    ~BbookFile()
    {
        if(Bbook != NULL)
            delete []Bbook;
    }
    void serilize(ofstream& out)
    {
        out<<len;
        for(int i=0;i<len;i++)
            Bbook[i].serilize(out);
    }
    void deserilize(ifstream& in)
```

```
    {
        in>>len;
        allocated=len*2;
        if(Bbook != NULL)
        {
            delete Bbook;
            Bbook=new BbookRecType[allocated];
        }
        for(int i=0;i<len;i++)
            Bbook[i].deserilize(in);
    }
    void append(const BbookRecType& o)
    {
        if(len == allocated)
        {
            allocated*=2;
            BbookRecType* nb=new BbookRecType[allocated];
            memcpy(nb,Bbook,sizeof(nb[0])*len);
            delete []Bbook;
            Bbook=nb;
        }
        Bbook[len]=o;
        len++;
    }
};
```

2. 类的头文件

```
#include "k11.h"
static const char * sdbf="book";
static const char* sbif="bidx";
static const char* slf1="nidx";
static const char* slf2="aidx";
static const char* slf3="pidx";
static const char* srf="read";
static const char* sbf="bbff";
class Lib{
  public:
    //取 BookDbaseFile 结构的 len
    int  getNrbooks()const{
        return dbf.len;
    }
    //追加一条图书主数据库记录
    void AppDbaseRec(const BookRecType& newbook)
    {dbf.append(newbook);}
    //修改书号索引表
    void ChangeBnoIdxF(int indexofrec)
    {
        int i=indexofrec;
        int j=bif.len-1;    //目前长度
        int k=0;
        while(j>=0)
        {   //找插入位置
            if(dbf.BookDbase[i].bno > bif.BnoIdx[j].bno)
            {
                k=j+1;
                break;
            }
            j--;
        }
        //在有序索引表中插入一个索引记录
```

```
    BidxRecType tmp;
    tmp.bno=dbf.BookDbase[i].bno;
    tmp.RecNo=i;
    bif.append(tmp);
    if(bif.len>1)                                    //有序表的插入
        for(j=bif.len-2;j>=k;j--)
            bif.BnoIdx[j+1]=bif.BnoIdx[j];           //记录后移
    bif.BnoIdx[k].bno=dbf.BookDbase[i].bno;
    bif.BnoIdx[k].RecNo=i;
}
//修改书名索引和链头索引
void ChangeLinkHeadF1(int indexofrec)
{   //处理图书文件当前记录
    int i,j,k;
    char sm[21];
    i=indexofrec;
    strcpy(sm,dbf.BookDbase[i].bname);               //取记录中的书名送至变量 sm 中
    j=0;k=-1;
    while(j<lf1.len)
    { //在链头文件中查找与次关键字相等的记录
        if(strcmp(sm,lf1.LHFrec1[j].bname)== 0)
        {
            k=j;
            break;
        }
        j++;
    }
    //采用头插法建立索引
    if(k!= -1)
    {
        dbf.BookDbase[i].namenext=lf1.LHFrec1[k].lhead;
        lf1.LHFrec1[k].lhead=i;                      //i 为主文件的当前记录号
        lf1.LHFrec1[k].RecNum++;
    }
    else{
        dbf.BookDbase[i].namenext=-1;                //用头插法建立链表，指针置 -1
        BNRecType tmp;
        tmp.lhead=i;                                 //i 为主文件的当前记录号
        tmp.RecNum=1;                                //计数器置 1
        strcpy(tmp.bname,sm);
        lf1.append(tmp);
    }
}
//修改作者索引和链头索引
void ChangeLinkHeadF2(int indexofrec)
{
    int i,j,k;
    char zz[9];
    i=indexofrec;
    strcpy(zz,dbf.BookDbase[i].author);              //取记录中的作者送至变量 zz 中
    j=0;k=-1;
    while(j<lf2.len)
    {//查找与次关键字相等的记录
        if(strcmp(zz,lf2.LHFrec2[j].author)== 0)
        {
            k=j;
            break;
        }
        j++;
    }
    if(k!= -1)
```

```
    {
        dbf.BookDbase[i].authnext=lf2.LHFrec2[k].lhead;
        lf2.LHFrec2[k].lhead=i;                    //i 为主文件的当前记录号
        lf2.LHFrec2[k].RecNum++;
    }
    else {
        BARecType tmp;
        tmp.lhead=i;                               //i 为主文件的当前记录号
        tmp.RecNum=1;                              //计数器置 1
        strcpy(tmp.author,zz);
        lf2.append(tmp);
        dbf.BookDbase[i].authnext=-1;
    }
}
    //修改出版社索引以及出版社链头索引表
void ChangeLinkHeadF3(int indexofrec)
{
    int i,j,k;
    char cbs[11];
    i=indexofrec;
    strcpy(cbs,dbf.BookDbase[i].press);        //取记录中的书名送至变量 sm 中
    j=0;k=-1;
    while(j<lf3.len)
    {// 查找与次关键字相等的记录
        if(strcmp(cbs,lf3.LHFrec3[j].press)== 0)
        {
            k=j;
            break;
        }
        j++;
    }
    if(k!= -1)
    {
        dbf.BookDbase[i].prenext=lf3.LHFrec3[k].lhead;
        lf3.LHFrec3[k].lhead=i;//i 为主文件的当前记录号
        lf3.LHFrec3[k].RecNum++;
    }
    else
    {
        BPRecType tmp;
        tmp.lhead=i;//i 为主文件的当前记录号
        tmp.RecNum=1;// 计数器置 1
        strcpy(tmp.press,cbs);
        lf3.append(tmp);
        dbf.BookDbase[i].prenext=-1;
    }
}
//按书号二分查找
int BinSearch(int key)
{
    int low=0;
    int high=bif.len-1;
    while(low <= high)
    {
        int mid=(low+high)/2;
        if(key == bif.BnoIdx[mid].bno)
            return bif.BnoIdx[mid].RecNo;
        else if(key < bif.BnoIdx[mid].bno)
            high=mid-1;
        else low=mid+1;
    }
```

```
        return -1;//not found
    }
    //按书名顺序查找
    int BnameFind(char* keys)
    {
        int k=-1;
        for(int i=0;i<lf1.len;i++)
        {
            if(strcmp(keys,lf1.LHFrec1[i].bname)==0)
            {
                k=lf1.LHFrec1[i].lhead;
                break;
            }
        }
        return k;
    }
        //按作者顺序查找
    int BauthFind(char* keys)
    {
        int k=-1;
        for(int i=0;i<lf2.len;i++)
        {
            if(strcmp(keys,lf2.LHFrec2[i].author)==0)
            {
                k=lf2.LHFrec2[i].lhead;
                break;
            }
        }
        return k;
    }
        //按出版社顺序查找
    int BnameFind1(char* keys)
    {
        int k=-1;
        for(int i=0;i<lf3.len;i++)
        {
            if(strcmp(keys,lf3.LHFrec3[i].press)==0)
            {
                k=lf3.LHFrec3[i].lhead;
                break;
            }
        }
        return k;
    }
    //输出一条主数据库记录
    void ShowRec(int indexofrec)
    {
        int i=indexofrec;
        const BookRecType& tmp=dbf.BookDbase[i];
        cout<<"书 号  书      名     作者名  出版社  分类号  可借数\n"
            <<tmp.bno<<"\t"<<tmp.bname<<"\t"
            <<tmp.author<<"\t"<<tmp.press<<"\t"
            <<tmp.sortno<<"\t"<<tmp.storenum-tmp.borrownum<<endl
            <<"==================================================\n";
    }
    //图书查询控制
    void SearchBook()
    {
        char sm[21],zz[9],cbs[11];
        int k,sel;
        int sh;
```

```
while(true)
{
    cout<<" 图书查询子系统 \n"
       <<"------------------\n"
       <<"1. 书  号  2. 书  名 \n"
       <<"3. 作  者  4. 出版社 \n"
       <<"5. 退  出  查  询  \n"
       <<"------------------\n"
       <<" 请用户选择: ";
    cin>>sel;
    switch(sel){
      case 1:
         cout<<" 输入书号 :";
         cin>>sh;
         k=BinSearch(sh);
         if(k == -1)
         {
            cout<<" 没有要查找的图书, 请检查是否输入有错 \n";
         }
         else ShowRec(k);
         break;
      case 2:
         cout<<" 输入书名 :";
         cin>>sm;
         k=BnameFind(sm);
         if(k == -1)
         {
            cout<<" 没有要查找的图书, 请检查是否输入有错 \n";
         }
         else
         {
            for(int i=k;i!=-1;i=dbf.BookDbase[i].namenext)
               ShowRec(i);
         }
         break;
      case 3:
         cout<<" 输入作者名: ";
         cin>>zz;
         k=BauthFind(zz);
         if(k == -1){
            cout<<" 没有要查找的图书, 请检查是否输入有错 \n";
         }
         else {
            for(int i=k;i!=-1;i=dbf.BookDbase[i].authnext)
               ShowRec(i);
         }
         break;
      case 4:
         cout<<" 输入出版社 :";
         cin>>cbs;
         k=BnameFind1(cbs);
         if(k == -1)
            cout<<" 没有要查找的图书, 请检查是否输入有错 \n";
         else {
            for(int i=k;i!=-1;i=dbf.BookDbase[i].prenext)
               ShowRec(i);
         }
         break;
      case 5:
         return;
    }
```

```
    }
}
//借书管理
void BorrowBook()
{
    char jyrq[9];
    int sh,dzh;
    int j,k=-1;
    cout<<"输入读者号  书号  借阅日期\n";
    cin >>dzh>>sh>>jyrq;
    for(int i=0;i<rf.len;i++)
        if(dzh == rf.ReadRec[i].rno)
        {
            k=i;
            break;
        }
    if(k == -1)
    {
        cout<<"非法读者! \n";
        return;
    }
    if(rf.ReadRec[k].bn2 >= rf.ReadRec[k].bn1)
    {
        cout<<"书已借满! \n";
        return;
    }
    j=BinSearch(sh);
    if(j == -1)
    {
        cout<<"非法书号!\n";
        return;
    }
    if(dbf.BookDbase[j].borrownum >= dbf.BookDbase[j].storenum)
    {
        cout<<"图书已借出!\n";
        return;
    }
    BbookRecType tmp;
    tmp.rno=dzh;
    tmp.bno=sh;
    strcpy(tmp.date1,jyrq);
    rf.ReadRec[k].bn2++;
    dbf.BookDbase[j].borrownum++;
    bf.append(tmp);
    cout<<"借书成功!\n";
}
//还书管理
void BackBook()
{
    char hsrq[9];
    int sh,dzh;
    int j,k=-1,m=-1;
    cout<<"读者号 书号 还书日期: ";
    cin>>dzh>>sh>>hsrq;
    for(int i=0;i<rf.len;i++)
        if(dzh == rf.ReadRec[i].rno)
        {
            k=i;
            break;
        }
    if(k == -1)
```

```
    {
        cout<<" 非法读者! \n";
        return;
    }
    for(i=0;i<bf.len;i++)
    {
        if(sh == bf.Bbook[i].bno)
        {
            m=i;
            break;
        }
    }
    if(m == -1)
    {
        cout<<" 非法书号 !\n";
        return;
    }
    j=BinSearch(sh);
    if(j == -1)
    {
        cout<<" 非法书号 !\n";
        return;
    }
    rf.ReadRec[k].bn2--;
    dbf.BookDbase[j].borrownum--;
    strcpy(bf.Bbook[m].date2,hsrq);
    cout<<" 还书成功 !\n";
}
//读者管理
void ReaderManage()
{
    char yn='y';
    while(yn == 'y' || yn == 'Y')
    {
        RRecType reader;
        cout<<" 输入读者号 读者名 可借图书数目 :";
        cin>>reader.rno>>reader.name>>reader.bn1;
        reader.bn2=0;
        rf.append(reader);
        cout<<" 已有 "<<rf.len<<" 个读者。"<<endl;
        cout<<" 继续输入吗 ? y/n:";
        cin>>yn;
    }
}
//写各类文件
void writeFile()
{
    //写图书主文件
    ofstream out;
    out.open(sdbf);
    dbf.serilize(out);
    out.close();
    //写图书索引文件
    out.open(sbif);
    bif.serilize(out);
    out.close();
    //写书名索引链头文件
    out.open(slf1);
    lf1.serilize(out);
    out.close();
    //写作者索引链头文件
```

```
        out.open(slf2);
        lf2.serilize(out);
        out.close();
        //写出版社索引链头文件
        out.open(slf3);
        lf3.serilize(out);
        out.close();
        //写读者文件
        out.open(srf);
        rf.serilize(out);
        out.close();
        //写借还书文件
        out.open(sbf);
        bf.serilize(out);
        out.close();
    }
    //读各类文件
    void readFile()
    {
        //读图书主文件
        ifstream out;
        out.open(sdbf);
        dbf.deserilize(out);
        out.close();
        //读书号索引文件
        out.open(sbif);
        bif.deserilize(out);
        out.close();
        //读书名索引链头文件
        out.open(slf1);
        lf1.deserilize(out);
        out.close();
        //读作者索引文件
        out.open(slf2);
        lf2.deserilize(out);
        out.close();
        //读出版社索引链头文件
        out.open(slf3);
        lf3.deserilize(out);
        out.close();
        //读读者文件
        out.open(srf);
        rf.deserilize(out);
        out.close();
        //读借还书文件
        out.open(sbf);
        bf.deserilize(out);
        out.close();
    }
    private:
        BookDbaseFile dbf;                      //图书数据库文件对象
        BnoIdxFile bif;                         //书号索引文件对象
        LHFile1   lf1;                          //书名链头文件对象
        LHFile2   lf2;                          //作者链头文件对象
        LHFile3   lf3;                          //出版社链头文件对象
        ReadFile   rf;                          //读者文件对象
        BbookFile  bf;                          //借还书文件对象
};
```

3. 主程序文件

```
#include "Lib.h"
```

```
int main()
{
    int j,k=1;
    Lib lib;
    cout<<" 读原始文件，请等待。"<<endl;
    lib.readFile();

    while(true)
    {
        cout<<" 图书管理系统 \n"
        <<"============\n"
        <<"1. 读者管理 \n"
        <<"2. 图书管理 \n"
        <<"3. 图书流通 \n"
        <<"4. 退出系统 \n"
        <<"==========\n"
        <<" 请选择 1-4:";
        cin>>k;
        switch(k)
        {
           case 1:
               lib.ReaderManage();
               break;
           case 2:
               cout<<" 图书管理子系统 \n"
               <<"---------------\n"
               <<"1. 图书信息输入 \n"
               <<"2. 图书信息查询 \n"
               <<"---------------\n"
               <<" 请  选  择 : ";
               cin>>j;
               if( j == 1)
               {
                   char yn='y';
                   while(yn == 'y' || yn == 'Y')
                   {
                       BookRecType tmp;
                       cout<<" 书号  书    名        作者名 出版社 分类   藏书量 \n";
                       cin>>tmp.bno>>tmp.bname>>tmp.author
                          >>tmp.press>>tmp.sortno
                          >>tmp.storenum;
                       tmp.borrownum=0;
                       lib.AppDbaseRec(tmp);
                       int index=lib.getNrbooks()-1;
                       lib.ChangeBnoIdxF(index);
                       lib.ChangeLinkHeadF1(index);
                       lib.ChangeLinkHeadF2(index);
                       lib.ChangeLinkHeadF3(index);
                       cout<<" 继续输入吗 ? (y/n):";
                       cin>>yn;

                   }
               }
               else lib.SearchBook();
               break;
           case 3:
               cout<<" 图书流通子系统 \n"
              <<"---------------\n"
              <<" 1. 借书处理  \n"
              <<" 2. 还书处理  \n"
              <<"---------------\n"
```

```
                <<" 请 选 择 : ";
                cin>>j;
                if(j == 1)
                    lib.BorrowBook();
                else if(j ==2)
                    lib.BackBook();
                break;
            case 4:
                cout<<" 系统正在写磁盘，稍等 ...\n";
                lib.writeFile();
                cout<<" 再见! \n";
                return 0;

        }
    }
    return 0;
}
```

11.4.4 运行示例

程序运行后，先把保存过的相关图书信息磁盘文件读入内存，以便进行各类操作。因为是第 1 次运行，尚没有建立各类文件，所以读入的记录为 0 条，然后再显示出一个供用户选择的操作菜单。

```
图书管理系统
============
 1. 读者管理
 2. 图书管理
 3. 图书流通
 4. 退出系统
===========
请选择 1-4:
```

下面对相关操作进行简要说明。

1. 读者管理

在这项处理中仅设计了读者信息的追加输入一项，其他部分留给学生自己来完成。

在进行借还书处理之前，必须先选择“1. 读者管理”，输入读者信息，如需要增加读者也同样选择该项菜单进行输入，假设选择“1. 读者管理”，进入读者信息输入模块，系统会显示输入数据项的提示。下面给出连续输入的几个实例。

```
输入读者号 读者名 可借图书数目 :201 李石林 8
已有 1 个读者。
继续输入吗 ? y/n:y
输入读者号 读者名 可借图书数目 :203 王可旺 10
已有 2 个读者。
继续输入吗 ? y/n:y
输入读者号 读者名 可借图书数目 :204 成望平 6
已有 3 个读者。
继续输入吗 ? y/n:y
输入读者号 读者名 可借图书数目 :205 Hob 6
已有 4 个读者。
继续输入吗 ? y/n:n
```

回答 n，结束输入回到主菜单。

2. 图书管理

在图书管理子系统中，仅设计了图书信息的输入并建立相关的索引和图书信息的查询两个部分，其他部分（如图书订购、图书编目、新书通报、汇总统计等功能）均未实现，也留给读者根据自己的意愿去完成各部分内容。

在选择“2. 图书管理”菜单项之后，系统将给出两种选择。

```
图书管理子系统
---------------
1. 图书信息输入
2. 图书信息查询
---------------
请 选 择 :
```

此时若选择1，就进入图书信息输入子模块，在输入信息的同时建立相应的索引及索引文件和索引链头文件，例如，在输入的提示下，输入11.4.1节“设计要求”中给出的数据表内容：

```
请 选 择 : 1
书号   书   名   作者名    出版社    分类   藏书量
1012  数据结构  李小云 人民邮电  013     5
已有1条记录。
继续输入吗 ? (y/n):y
书号   书   名   作者名    出版社    分类   藏书量
0109 程序设计  刘晓阳  清华大学  035     7
已有2条记录。
继续输入吗 ? (y/n):y
书号   书   名   作者名    出版社    分类   藏书量
1106 操作系统  徐海平  人民邮电  024     7
已有3条记录。
继续输入吗 ? (y/n):y
书号   书   名 作者名    出版社    分类   藏书量
1108 数据结构 孙华英  清华大学   013     5
已有4条记录。
继续输入吗 ? (y/n):y
书号   书   名 作者名    出版社    分类   藏书量
1203 程序设计 李小云 中国科学    035     6
已有5条记录。
继续输入吗 ? (y/n):y
书号   书   名 作者名    出版社    分类   藏书量
2105  数据库  许海平  清华大学    021     6
已有6条记录。
继续输入吗 ? (y/n):y
书号   书   名 作者名    出版社    分类   藏书量
1015 数据结构 苏仕华  中国科大    015     8
已有7条记录。
继续输入吗 ? (y/n):n
```

回答n，结束输入回到主菜单。

有了图书信息数据之后，就可以进行图书信息的查询以及图书借阅等操作了。如果在图书管理的菜单中选择“2. 图书信息查询”，系统会给出如下的子菜单提示：

```
图书查询子系统
--------------------
1. 书  号  2. 书  名
3. 作  者  4. 出版社
5. 退  出
--------------------
请用户选择:
```

1）若在此处选择1，则按书号查询。

```
请用户选择: 1
输入书号 :1108
书 号   书    名       作者名   出版社      分类号   可借数
1108    数据结构       孙华英   清华大学      013       5
```

若输入的书号不存在，则会显示“没有要查的书！请检查是否输入错误”。

2）如果选择 2，则按书名查询。例如：

```
请用户选择: 2
输入书名 :数据结构
书 号   书    名      作者名   出版社   分类号   可借数
1015    数据结构      苏仕华   中国科大   015       8
=====================================================
书 号   书    名      作者名   出版社   分类号   可借数
1108    数据结构      孙华英   清华大学   013       5
=====================================================
书 号   书    名      作者名   出版社   分类号   可借数
1012    数据结构      李小云   人民邮电   013       5
=====================================================
```

3）如果选择 3，则按作者名查询。例如：

```
请用户选择: 3
输入作者名: 李小云
书 号   书    名      作者名   出版社   分类号   可借数
1203    程序设计      李小云   中国科学   035       6
=====================================================
书 号   书    名      作者名   出版社   分类号   可借数
1012    数据结构      李小云   人民邮电   013       5
=====================================================
```

4）如果选择 4，则按出版社查询。例如：

```
请用户选择: 4
输入出版社 :中国科大
书 号   书    名      作者名   出版社   分类号   可借数
1015    数据结构      苏仕华   中国科大   015       8
=====================================================
```

若选择 5，则返回到主菜单。

3. 图书流通

图书流通子系统的主要功能包括借书、还书、预约及逾期处理等。在该设计中仅实现了借书和还书功能，预约及逾期处理等功能留给读者去完成。

如在主菜单中选择 3，则进入图书流通子系统，给出借书和还书两种选择。

```
图书流通子系统
_______________
 1. 借书处理
 2. 还书处理
_______________
 请 选 择 :
如果选择 1，则进入借书子系统。例如：
输入读者号   书号   借阅日期
203 1203 11.08.25
借书成功！
```

在接收输入信息后，首先查询读者文件。若没查到，则显示“非法读者！”，若找到，则再检查该读者书是否已借满，如果未借满，则继续检查图书文件，否则显示“书已借满！”，检查图书文件如发现书号不存在或书已借出，会提示读者：“非法书号！”或“图书已借出！”，否则，进行借书处理，修改借阅文件、读者文件以及图书主文件的相关数据项，并显示“借书成功！”。

如果选择2，则进入还书子系统。例如：

```
请 选 择 :  2
读者号 书号 还书日期: 203 1203 11.10.20
还书成功!
```

在接收输入信息之后，首先用书号查询借还书文件，若找到，则填入还书日期，然后再用书号查询图书主文件，修改借出数，用读者号查找读者文件，修改读者的借书数，而后显示“还书成功！”。否则显示“非法书号！”并返回主控菜单。

4. 保存信息并结束运行

当需要的操作完成后，在主菜单中选择4，退出系统，系统会自动将当前图书数据及相关的信息写入磁盘文件。待下次运行系统时，首先读入文件，再进行各种操作。

11.5　评分标准

本章的设计是一个比较综合的练习，它主要包括文件、排序及查找等，以文件操作为主线，用到排序和查找等知识，还有静态链表的相关概念。因此，该设计可以作为学生学习“综合设计”内容的主要依据。学生还可以在此基础上来修改和完善其中未实现的相关功能。本设计的主要目的是综合设计能力的培养，多文件操作是其中必做的内容，但只要能保证程序运行全部正确，即可获得80 ~ 84分。

本设计有许多不完善的地方，如果学生自己在原来的基础上加以改进或发挥，可以考虑给予加分，一般可以加到85分以上，对于特别优秀的课程设计可给予90分以上，但应严格控制90分以上的学生数量。如果学生的部分程序存在局部问题，但有些地方又有一定的改进或创新，可以用来弥补存在的不足，则可适当考虑给75 ~ 79分。

如果算法程序不正确或调试有问题，一般成绩不能高于75分；如果其中大部分程序都有问题或不正确，则不予及格。

参 考 文 献

[1] 刘燕君，等. C++ 程序设计课程设计 [M]. 北京：机械工业出版社，2010.
[2] 刘振安，等. 面向对象程序设计 C++ 版 [M]. 北京：机械工业出版社，2006.
[3] 苏仕华，等. 数据结构课程设计 [M]. 2 版. 北京，机械工业出版社，2010.
[4] 苏仕华，等. 数据结构自学辅导 [M]. 北京：清华大学出版社，2002.
[5] 刘振安，等. C++ 及 Windows 可视化程序设计 [M]. 北京：清华大学出版社，2003.
[6] 刘振安. C++ 程序设计教程 [M]. 北京：科学出版社，2005.
[7] 刘燕君，等. C 语言程序设计实践教程 [M]. 北京：北京邮电大学出版社，2012.
[8] 刘燕君，等. C 语言设计实践 [M]. 北京：机械工业出版社，2009.
[9] 张乃孝，裘宗燕. 数据结构——C++ 与面向对象的途径 [M]. 北京：高等教育出版社，1998.
[10] 陈本林，等. 数据结构——使用 C++ 标准模板库（STL）[M]. 北京：机械工业出版社，2005.
[11] 严蔚敏，等. 数据结构题集（C 语言版）[M]. 北京：清华大学出版社，1999.
[12] Clifford A Shaffer. 数据结构与算法分析（Java 版）[M]. 张铭，刘晓丹，译. 北京：电子工业出版社，2001.
[13] William J Collins. 数据结构与 STL[M]. 周翔，译. 北京：机械工业出版社，2004.
[14] Sartaj Sahni. 数据结构算法与应用——C++ 语言描述 [M]. 汪诗林，等译. 北京：机械工业出版社 2010.
[15] Maek Allen Weiss. 数据结构算法与应用——C 语言描述 [M]. 冯舜玺，译. 北京：机械工业出版社，2009.
[16] Scott Meyers. Effective C++ [M]. 侯捷，译. 2 版. 武汉：华中科技大学出版社，2001.

推荐阅读

数据结构与算法分析：Java语言描述（英文版·第3版）

作者：Mark Allen Weiss ISBN：978-7-111-41236-6 定价：79.00元.

数据结构与算法分析：C语言描述（英文版·第2版）

作者：Mark Allen Weiss ISBN：978-7-111-31280-2 定价：45.00元

数据结构、算法与应用：C++语言描述

作者：Sartej Sahni ISBN：7-111-07645-1 定价：49.00元

数据结构与算法设计

作者：王晓东 ISBN：978-7-111-37924-9 定价：29.00元

推荐阅读

算法导论（原书第3版）

作者：Thomas H.Cormen 等 ISBN：978-7-111-40701-0 定价：128.00元

C程序设计导引

作者：尹宝林 ISBN：978-7-111-41891-7 定价：35.00元

数据结构与算法分析——Java语言描述（英文版·第3版）

作者：Mark Allen Weiss ISBN：978-7-111-41236-6 定价：79.00元

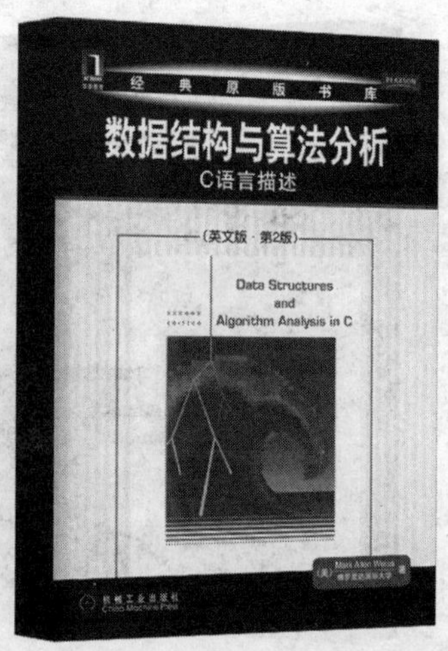

数据结构与算法分析——C语言描述(英文版·第2版)

作者：Mark Allen Weiss ISBN：978-7-111-31280-2 定价：45.00元